JN141520

部位別でみつかる

水産食品の寄生虫・異物検索図鑑

横山 博 ほか著

緑書房

推薦のことば

最近、魚介類の寄生虫の問題が新聞やテレビで取り上げられることが多くなっています。特に芸能人の方がアニサキスに寄生されたことが報道されるや否や、目黒寄生虫館には報道関係者から多くの問い合わせがありました。この件は、生サケ、つまり天然のサケの刺身を食べたことが原因でした。天然サケの筋肉、すなわち可食部にはもっぱらアニサキスが多いというのは魚の寄生虫研究者の間では常識で、生食は避けるべきなのですが、これが飲食店関係者に伝わっていなかったのが問題なのです。

これまで、食品としての魚介類に含まれる寄生虫や異物を広く取り上げ、一般向けに分かりやすく解説した類書はありませんでした。本書は、長年にわたり魚介類の寄生虫研究に取り組んできた横山さんの努力によって、刊行に至りました。本書には、問題になることが多い寄生虫のほかに、寄生虫と間違えやすい異物も数多く掲載されていますので、魚介類を取り扱う際にとても役に立つ判断材料となると思います。

ただ、注意していただきたいこともあります。それは、ここで取り上げられた寄生虫や異物はあくまで一部の例であるということです。魚介類の寄生虫はとても種類が多いので、図鑑に載っている似たものに「絵合わせ」をしてしまいがちです。しかし実際は図鑑にないものもありますので、違うかなと思われる場合は専門家に確認することをお勧めします。

利用にあたってもう１つ注意していただきたいのは、図鑑による寄生虫の同定には限界もあるということです。例えば、写真や解説を読んで、調べたい寄生虫がアニサキスと同定できたとします。ただ実際には「アニサキス」は属の名前で、アニサキス属には９種が存在し、日本近海の魚介類からも７種が記録されています。それらのうち重要なものは２種ですが、場合によってはそれがアニサキス・シンプレックスか、アニサキス・ペグレフィか、それ以外かを識別しなければならないかもしれません。しかし、そのためにはより確かな解析が必要であり、上記と同様に専門家や研究機関への問い合わせなどが求められます。これらを理解いただいた上で、本書を大いに活用していただきたいと思います。

2018年12月

（公財）目黒寄生虫館 館長

小川 和夫

はじめに

近年、食の安全・安心に対する信頼が揺らいでいます。特に水産食品は、一般消費者が影響を受けやすいマスコミの批判にさらされがちなため、真偽のほどが定かでない報道によって、魚価が大きく下がってしまうことがよくあります。古くは 80 年代に起きた「養殖ブリの“薬漬け”による“骨曲がり”騒動」です。実際は、養殖ブリの「骨曲がり」は寄生虫によるものであり、細菌感染症の治療目的で投与されていた抗生物質とは何ら関係はないのですが、誤った情報が広がったことで、養殖魚のイメージが大幅にダウンしました。90 年代には、真珠貝の大量死の原因が養殖トラフグのエラムシ対策で使われていたホルマリンであるという説がメディアで流布されましたが、現在ではある種の病原体による感染症であることが分かっています。さらに近年、何人かのお笑いタレントがアニサキス症を発症して SNS で拡散した結果、水産物の消費が著しく減少しました。われわれ水産関係者からすれば「またか」という印象もありますが、実際に被害を受ける水産業者や小売店にとってみれば深刻な問題です。

そもそもアニサキス症は昔から存在する寄生虫病ですので、日本人なら対策に関する最低限の知識は持っておいてほしいものです。とはいえ、「日本人は科学リテラシーが低い」といって嘆いてばかりもいられません。私もさまざまな場所で一般市民向けの講演を頼まれますが、最近は「どこで調べればいいのか」、「だれに聞けばよいのか」といった質問を受けることが増えてきました。たしかに言われてみれば、魚介類の寄生虫に関する学術的な書籍は多く出版されているものの、一般向けの読みやすい書籍はあまり市販されていないのが実状でした。

また、一昔前にはコイのヘルペスウイルスや中国産ウナギの薬物乱用が問題となり、食品に混入する異物についてもクレームが後を絶ちません。しかし、異物混入を確認するために学校給食の食パンを１枚ずつ手に取って検品作業をしたことがノロウイルスの混入を招いたとあっては、本末転倒です。食品の異物混入についても、やや過剰反応であると言わざるを得ません。

以上のような状況から、この分野に精通した専門家による、一般消費者にとって分かりやすい成書が発行される時期に来ているのではないかと考えたのが、本書を企画した理由です。本書は、緑書房の月刊『養殖ビジネス』に連載した記事に大幅に加筆・修正し、一目で分かる写真も新たに付け加えて、１冊の書籍として理解しやすいものに仕上げました。 最後に、本書を編纂するにあたっては、多くの水産関係者のご協力が必要でした。ここに改めて、感謝申し上げます。

2018 年 12 月

横山 博

所属は2019年1月現在

■第1～5章、第6章、コラム

横山 博　Hiroshi Yokoyama
東京大学大学院農学生命科学研究科　助教、博士（農学）。
1993年東京大学大学院博士課程修了後、カナダ太平洋生物学研究所客員研究員などを経て、1994年より現職。一貫して養殖魚の粘液胞子虫病や微胞子虫病に取り組んでおり、現在はクドア食中毒問題で奮闘中。水産食品の寄生虫検索データベース「D-PAF」http://fishparasite.fs.a.u-tokyo.ac.jp を作成・運営する。㈳日本ソムリエ協会認定ワインエキスパート。

■第7章

・7-1

有路 昌彦　Masahiko Ariji
近畿大学世界経済研究所（水産・食料戦略分野）教授、博士（農学）。
京都大学農学研究科生物資源経済学専攻博士課程修了。大手銀行系シンクタンク、近畿大学農学部水産学科准教授などを経て、2016年より現職。専門は水産企業・漁協の経営再建、地域活性化で、㈱食縁代表取締役、㈱自然産業研究所取締役、SCSA認証協議会副理事長も務める。日本学術会議連携会員、内閣府規制改革推進会議水産ワーキンググループ専門委員なども兼任。

・7-2

大石 卓史　Takafumi Oishi
近畿大学農学部農業生産科学科農業経営経済学研究室　准教授、博士（地球環境学）。
京都大学大学院地球環境学舎地球環境学専攻博士課程修了。大手銀行系シンクタンク、㈱自然産業研究所などを経て、2017年より現職。近畿大学アグリ技術革新研究所も兼務している。専門は環境評価・環境経済、消費者行動分析、食品安全、リスクコミュニケーションなど。

・7-3

大南 絢一　Junichi Ominami
元・（株）自然産業研究所　上級研究員
京都大学大学院地球環境学舎博士課程単位取得退学。独立系シンクタンクにて一次産業分野ならびに自然環境保全分野に関する調査研究やコーディネート業務に従事。現在も一次産業の経営課題について経済学的アプローチによる研究に取り組む。日本水産学会及び国際漁業学会会員。

■付録

白樫 正　Sho Shirakashi
近畿大学水産研究所白浜実験場　准教授、博士（農学）。
カナダ・レスブリッジ大学で寄生虫生態学を学び、2005年東京大学大学院博士課程修了。ブリストル大学（イギリス）、ミュンヘン大学（ドイツ）での博士研究員を経て、2009年からは近畿大学で養殖魚類の寄生虫について生態解明や、防除法開発などに取り組んでいる。

CONTENTS
— 目 次 —

【寄生虫・異物　検索】

魚介類にみられた異常の種類（寄生虫か、異物か）、宿主（魚類か、甲殻類・貝類・頭足類か）、部位（筋肉か、内臓か、外観か）、様相（ジェリー化、変色、粒状、細長い虫）などにより、以下のフローチャートにしたがって、各章の該当箇所を調べてください。

◆寄生虫がみられた場合 ...

宿主は？　**部位は？**　**状態は？**

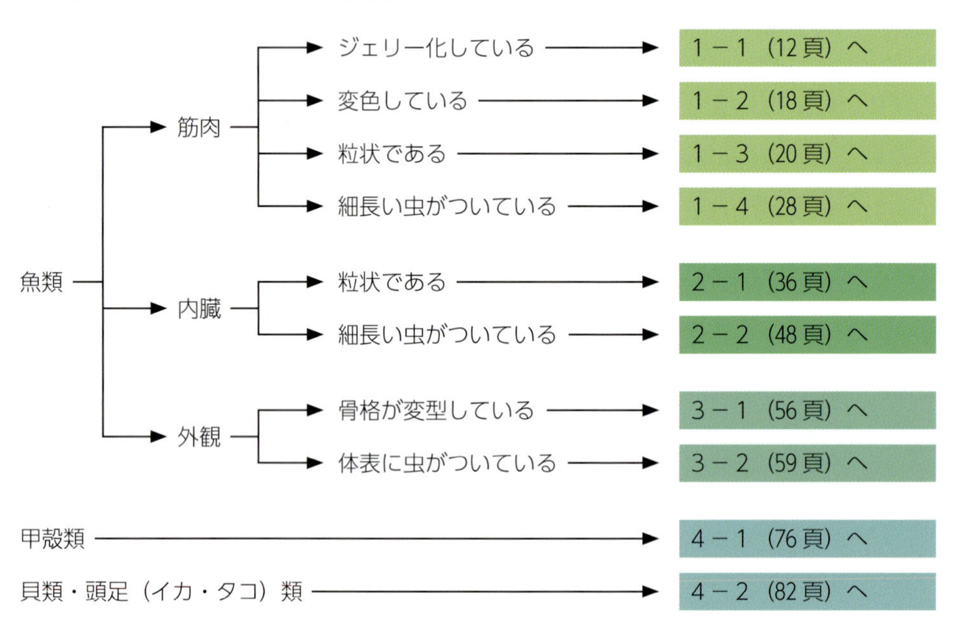

◆ヒトへの被害が発生した場合 ...

◆異物がみられた場合 ...

第1章　魚肉の異常・寄生虫 …… 11

1-1　ジェリーミート …… 12
ハゼ科魚類、スズキ、アカカマス、タチウオ、メカジキ、ホッケ、キハダ、ヒラマサ、メルルーサ、ヘイク、ヒラメ、オヒョウ、キンメダイ類、スケトウダラ、シイラ、トビウオ、マトウダイ、アトランティックサーモン、タイセイヨウサバ、シタビラメ類、ミズダコ　など
ジェリーミートのナゾはどこまで“と”けたか？／タンパク分解酵素の特性／ジェリーミートの成れの果て／調理・加工段階での対策／養殖段階なら一定の対策ができる／人間への影響

1-2　変色 …… 18
マアジ、イシガレイ、カツオ・マグロ、イワシ・サバ、タラ　など
魚肉の色は品質を表す／魚が生きている間の着色／魚が死後の保存・加工中の変色

1-3　粒状異物 …… 20
ブリ類、タイ科魚類、スズキ、サワラ、マゴチ、メダイ、ヒラメ、サバ、キハダ、マアジ、スズメダイ、サケ科魚類　など
粘液胞子虫類／微胞子虫類／条虫類／吸虫類／線虫類

1-4　細長い虫 …… 28
ブリ類、カツオ、クエ、サバ、コショウダイ、マダイ　など
魚を終宿主とする寄生虫はヒトには無害／筋肉線虫（ブリ）／筋肉線虫（クエ）／筋肉線虫（カツオ）／四吻目条虫／ディディモゾーン科吸虫

第2章　内臓の異物・寄生虫 …… 35

2-1　粒状異物 …… 36
キジハタ、キアンコウ、マダイ、イシダイ、スズキ、トラフグ、カンパチ、ヒラメ、クロマグロ、テンジクダイ、カワハギ、ハタタテヌメリ、カマスサワラ、タラ、ブリ、カンパチ、ヒメ、アカムツ、ニジマス、アユ、ヤリタナゴ、フナ、キンギョ、コイ、ヤリタナゴ、ヨシノボリ、スルメイカ
異物はクレームになりやすい／微胞子虫／粘液胞子虫／吸虫／条虫／口腔内や体腔内に寄生する甲殻類／イクチオホヌス症

2-2　細長い虫 …… 48
スズキ、マダイ、イサキ、イトヨリ、ウナギ、コイ科魚類
魚の体内で成熟する寄生虫はヒトには無害／生殖腺線虫／鰾線虫／リグラ条虫／条虫類／鉤頭虫類／ハリガネムシ／みつけたら取り除くしかない

第3章　外観の異常・寄生虫 …… 55

3-1　骨格の異常 …… 56
ブリ、マダイ、トラフグ、ヒラメ、スズキ、イシダイ、クロマグロ、マサバ、ホウボウ、タチウオ、ムツ、ボラ　など
脳寄生を原因とする魚の形態異常／骨格の異常／環境汚染とは関係ない

3-2　体表の虫・寄生虫 …… 59
クロマグロ、ヒラメ、ブリ類、トラフグ、カレイ類、タイ類、スズキ、シマアジ、ハタ類、タラ類、シロギス、マハゼ、サンマ、ボラ、サケ科魚類、コイ科魚類　など
ウロコや皮下に寄生する粘液胞子虫／イクチオボド症／ハダムシ類／ヒジキムシ／ウオジラミ・ウオノコバン／チョウ・チョウモドキ／イカリムシ／ツブムシ／ヒル／吸虫／X細胞／ミズカビ病／リンホシスチス病

▶第４章　甲殻類・貝類・頭足類の寄生虫 …… 75

4-1　甲殻類の寄生虫 …… 76

サルエビ、アカエビ、ヨシエビ、シロエビ、ピンクエビ、ブルークラブ、イセエビ、クルマエビ、アマエビ、イワガニ、シャコ、ケガニ　など

エビ・カニ類などの甲殻類にも寄生する／エビの微胞子虫／エビヤドリムシ／フクロムシ／オヨギハリガネムシ

4-2　貝類・頭足類の寄生虫 …… 82

マガキ、アサリ、ハマグリ、アカガイ、ホタテガイ、アワビ類、イガイ類、スルメイカ　など

貝類やイカ・タコ類への寄生／カキの卵巣肥大症／アサリなどのパルヴァトレマ属吸虫／アカガイなどの盤頭条虫／アサリ・ハマグリなどのカクレガニ／アサリなどのカイヤドリウミグモ／ホタテガイのホタテエラカザリ／ホタテガイの閉殻筋に膿瘍形成する細菌／ホタテガイの貝殻に穴を空けるゴカイ類／スルメイカの精莢

▶第５章　人体に有害な寄生虫 …… 89

5-1　アニサキス …… 90

ギス、ウツボ、ホラアナゴ、ウミヘビ、アナゴ、ハモ、イワシ、ニシン、サッパ、サケ科魚類、アカマンボウ、タラ類、イタチウオ、アンコウ、キンメダイ、マトウダイ、サンマ、クロソイ、メバル、ホウボウ、コチ、ハタ類、アマダイ、シイラ、ブリ類、アジ類、フエダイ類、タイ科魚類、メジナ、アイナメ、ホッケ、アカカマス、タチウオ、サバ、クロマグロ、キハダ、ビンナガ、カツオ、ハガツオ、サワラ、カレイ類、トラフグ、マフグ、アオザメ、スルメイカ　など

アニサキスが増えているわけではない／養殖魚は寄生虫感染リスクが低い／アニサキスの分類／無害なアニサキスもいる／アニサキス症の対策／発症のメカニズム／アニサキスの分布の違いが生んだ食文化

5-2　大型寄生虫 …… 99

アユ、シラウオ、コイ、フナ、モクズガニ、サワガニ、モツゴ、ライギョ、ドジョウ、ナマズ、ブラックバス、サクラマス、サケ、シラス、サバ、カツオ、ホタルイカ　など

横川吸虫／日本海裂頭条虫／旋尾線虫の１種／肺吸虫／顎口虫／クジラ複殖門条虫

5-3　クドア食中毒 …… 106

ヒラメ

「ヒラメの食中毒事件」発生／重症化しないが、提供側の被害は大／ナナホシクドア（クドア・セプテンプンクタータ）／養殖場での対策／検疫所での対策／感染源を元から絶つ対策と簡易診断キットの実用化／クドア食中毒はなぜ減っているのか／「安全」にはなったが、「安心」にはいま一歩

▶第６章　水産食品にみられる異物 …… 113

6-1　魚介類の組織 …… 114

アジ、サケ、サンマ蒲焼き、ウナギ蒲焼き、ツボダイ西京漬、アカウオ粕漬け、メサバ、アワビ水煮、カキフライ、明太子、冷凍エビ　など

異物全てが「寄生虫」ではない／マグロにみられる異物／貝類にみられる異物／頭足類にみられる異物

6-2　外来の生物・無生物、その他 …… 119

イワシ、カツオ、ミズダコ、ワタリガニ、タラバガニ、モズク、イワシつくね、筋子、数の子、イカ・スティックフライ　など

加工・調理過程で混入した異物は要注意／エビ類にみられる異物／外来の生物または無生物の付着／カニ類にみられる異物／魚卵にみられる異物／水産加工品にみられる異物

コラム

本書の使い方

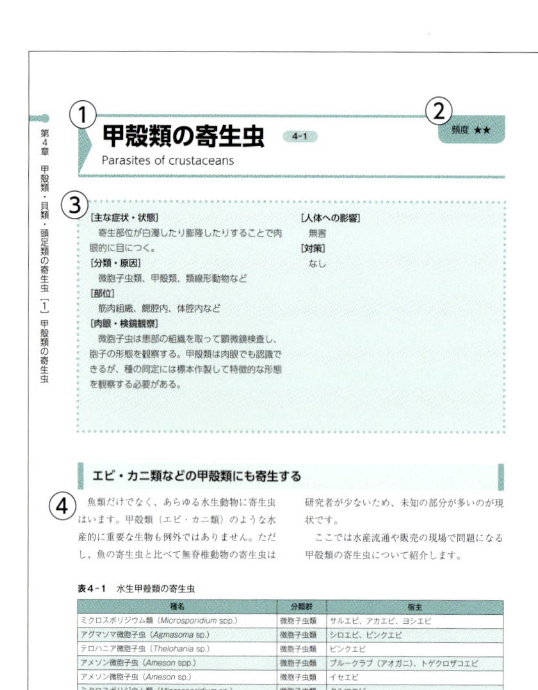

第4章 甲殻類・貝類・頭足類の寄生虫［1］甲殻類の寄生虫
①
甲殻類の寄生虫 4-1
Parasites of crustaceans
②
頻度 ★★
③
[主な症状・状態]
寄生部位が白濁したり膨隆したりすることで肉眼的に目につく。
[分類・原因]
微胞子虫類、甲殻類、類線形動物など
[部位]
筋肉組織、鰓腔内、体腔内など
[肉眼・検鏡観察]
微胞子虫は患部の組織を取って顕微鏡検査し、胞子の形態を観察する。甲殻類は肉眼でも認識できるが、種の同定には標本作製して特徴的な形態を観察する必要がある。
[人体への影響]
無害
[対策]
なし

エビ・カニ類などの甲殻類にも寄生する

④ 魚類だけでなく、あらゆる水生動物に寄生虫はいます。甲殻類（エビ・カニ類）のような水産的に重要な生物も例外ではありません。ただし、魚の寄生虫と比べて無脊椎動物の寄生虫は研究者が少ないため、未知の部分が多いのが現状です。

ここでは水産流通や販売の現場で問題になる甲殻類の寄生虫について紹介します。

表4-1　水生甲殻類の寄生虫

種名	分類群	宿主
ミクロスポリジウム類（*Microsporidium* spp.）	微胞子虫類	サルエビ、アカエビ、ヨシエビ
アグマソマ微胞子虫（*Agmasoma* sp.）	微胞子虫類	シロエビ、ピンクエビ
テロハニア微胞子虫（*Thelohania* sp.）	微胞子虫類	ピンクエビ
アメソン微胞子虫（*Ameson* spp.）	微胞子虫類	ブルークラブ（アオガニ）、トゲクロザコエビ
アメソン微胞子虫（*Ameson* sp.）	微胞子虫類	イセエビ
ミクロスポリジウム類（*Microsporidium* sp.）	微胞子虫類	クルマエビ
アマエビエラヤドリ（*Bopyroides hippolytes*）	甲殻類	ホッコクアカエビ（アマエビ）
エビヤドリムシ類（*Bopyridae*）	甲殻類	アカエビ、エビジャコ、マメコブシガニなど
ウンモンフクロムシ（*Sacculina confragosa*）	甲殻類	イワガニ、イソガニ、ヒライソガニ
シャコツブフクロムシ（*Thylacoplethus squillae*）	甲殻類	シャコ
オヨギハリガネムシ類（*Nectonema* sp.）	類線形動物	ケガニ

74

エビの微胞子虫

写真4-1　エビ類の筋肉微胞子虫症
写真Aはサルエビの筋肉微胞子虫症罹患エビで、上が感染エビ、下が未感染エビ。写真Bはサルエビの微胞子虫の胞子である。イセエビの筋肉微胞子虫症（写真C）では筋肉部が白濁してみられる。写真Dはディフ・クイック染色したイセエビの微胞子虫の胞子である。

サルエビやヨシエビなどの天然エビ類が、生きているにもかかわらず加熱調理したかのように肉が白濁する症例があります（**写真4-1A**）[4-1]。体表のツヤが失われ、体色の赤変や背部の黒化がみられる場合もあります。これはエビの筋線維内に寄生した微胞子虫が原因です（**写真4-1B**）。

海外でもシロエビやピンクエビに寄生するアグマソマ（*Agmasoma* spp.）、ブルークラブ（アオガニ）やトゲクロザコエビのアメソン（*Ameson* spp.）、ピンクエビのテロハニア（*Thelohania* sp.）などの感染において同じような症状を呈することが知られており、白い綿状のみた目から「コットン・シュリンプ病（cotton shrimp disease）」と呼ばれています[4-2]。

近年、日本産のイセエビに新種と思われる筋肉寄生微胞子虫が発見されました。病エビの行動に異常はみられないものの、筋肉が白濁し、商品価値を失います（**写真4-1C**）。胞子の形態学的特徴（**写真4-1D**）および分子生物学的解析検査から、アメソン属に近縁の微胞子虫であることが示唆されています。

天然クルマエビの殻の下に、微胞子虫の白い

75

①タイトル
解説している寄生虫や異物がどのようなものか、ひと目で分かるテーマを記載しています。

②頻度
発生頻度を３段階で表記しています。星の数が多いほど発生頻度が高いことを表します。

③ポイント整理
主な症状や原因、判断方法に加え、人体への影響の有無や対策方法を整理しています。

④本文
寄生虫や異物がみられる時期や宿主、寄生種及び異物の特徴を分かりやすく、かつ詳細に解説しています。

⑤症状の写真
発症時の外観症状写真や検鏡写真をフルカラーでみやすく掲載しています。

⑥部位別・種別に簡単に検索
魚肉、内臓、外観など部位別のほか、魚類以外の甲殻類や貝・イカ・タコ類、水産加工品など種別で検索できます。

— 第1章 —

魚肉の

異常・寄生虫

ジェリーミート 1-1

頻度 ★★★

Post-mortem myoliquefaction

［主な症状・状態］
魚の死後、魚肉がどろどろに溶けてしまう。

［分類・原因］
ミクソゾア門・多殻目・粘液胞子虫類（主にクドア属）

［部位］
体側筋肉

［肉眼・検鏡観察］
溶解した筋肉を少量、スライドグラスに取り、顕微鏡検査すると、複数の極嚢を持つ胞子が多数観察される。

［人体への影響］
無害

［対策］
かまぼこなど加工食品に調理する際は、寄生虫由来のプロテアーゼ活性を阻害する化学物質を添加することで防止できるかもしれないが、刺身など生で供する場合の対策はない。

一方、養殖魚では、陸上飼育期間中に用水を砂ろ過および紫外線照射することで感染防除できる種類もある。あるいは、なるべく初期の段階でPCR検査をして感染種苗を導入しない、または出荷時に検査して流通前に感染群を除去するという対策が有効であると考えられる。

表1-1 国内外の魚類においてジェリーミートの原因となる粘液胞子虫

寄生虫	魚種（採集地）
クドア・カマルグエンシス（*Kudoa camarguensis*）	ハゼ科（地中海）
クドア・クルシフォルマム（*Kudoa cruciformum*）	スズキ（日本）
クドア・フンドゥリ（*Kudoa funduli*）	マミチョグ（アメリカ東部）
タイリクスズキクドア（*Kudoa lateolabracis*）	タイリクスズキ（日本）、ヒラメ（日本）
ダイキョクノウクドア（*Kudoa megacapsula*）	アカカマス（中国）、シイラ（日本）
クドア・ミラビリス（*Kudoa mirabilis*）	タチウオ科（紅海）
クドア・マスキュロリケファシエンス（*Kudoa musculoliquefaciens*）	メカジキ（日本）、ホッケ（日本）
キハダクドア（*Kudoa neothunni*）	キハダ（バンダ海、日本、台湾、フィリピン）
クドア・パニフォルミス（*Kudoa paniformis*）	メルルーサ類（カナダ西部）
クドア・ペルヴィアンス（*Kudoa pervianus*）	サウスパシフィックヘイク（ペルー）
クドア・ローゼンブシ（*Kudoa rosenbuschi*）	アルゼンチンヘイク（アルゼンチン）
ホシガタクドア（*Kudoa thyrsites*）	ヒラメ（日本）、キンメダイ（南アフリカ）、スケトウダラ、シイラ（オーストラリア）、トビウオ（アメリカ）、オヒョウ、マトウダイ類（南大西洋モーリタニア沖）、アトランティックサーモン（カナダ、スペイン）、タイセイヨウサバ（ビスケー湾）、メルルーサ類（南アフリカ）、シタビラメ類、ミナミクロタチ（南アフリカ、オーストラリア）、フンボルトヒラメ（チリ）
クドア・sp.（*Kudoa* sp.）	ミズダコ（日本）
ユニカプスラ・マスキュラリス（*Unicapsula muscularis*）	オヒョウ（アメリカ）
ユニカプスラ・セリオラエ（*Unicapsula seriolae*）	ヒラマサ（オーストラリア）

ジェリーミートのナゾはどこまで“と”けたか？

ジェリーミートとは、漁獲後に魚肉がどろどろに溶けてしまう現象のことで、主にクドア属粘液胞子虫（**表1-1**）の筋肉寄生が原因です[1-1]。鮮度低下とは無関係であり、寄生虫由来のタンパク分解酵素が魚肉を溶かすとされています。

ただし魚が生きている間に溶けることはなく、死んで数日後から融解し始めるので、海外では「死後筋肉融解」とも言われます。日本ではそのみた目の状態から、キハダやメカジキでは「アズキ」（進行したものは「アズキナガレ」）、メバチやカツオでは「サシ」、ヒラメでは「フクロ」などという俗称もあります[1-1]。

●ジェリーミートになる魚

文献的には、1910年にオーストラリアのバラクータから発見されたのが最初です。日本では1953年にキハダ（**写真1-1**）とメカジキから初めて報告されました[1-2]。その後、海外からの外来魚の輸入増加に伴い、タイセイヨウサバやメルルーサ類などでも問題となりました。さらに最近、欧米ではタイセイヨウサケ、日本ではヒラメ（**写真1-2**）やタイリクスズキなどの養殖魚でも発生しており、養殖産業的にも無視できないものになっています。

またミズダコのジェリーミート（**写真1-3**）は国内で発見された極めて珍しい症例で、頭足類に寄生する世界で唯一のクドアです[1-3]。

●原因となる粘液胞子虫の生物学的特徴

今までジェリーミートがみられた魚種と原因寄生虫を**表1-1**に示します。クドア属で13種（未同定種1種含む）、ユニカプスラ属で2種、いずれも多殻目に属する粘液胞子虫です。胞子の形態的特徴として、クドア属の多くの種類は4極嚢であるのに対し、キハダクドア（*Kudoa*

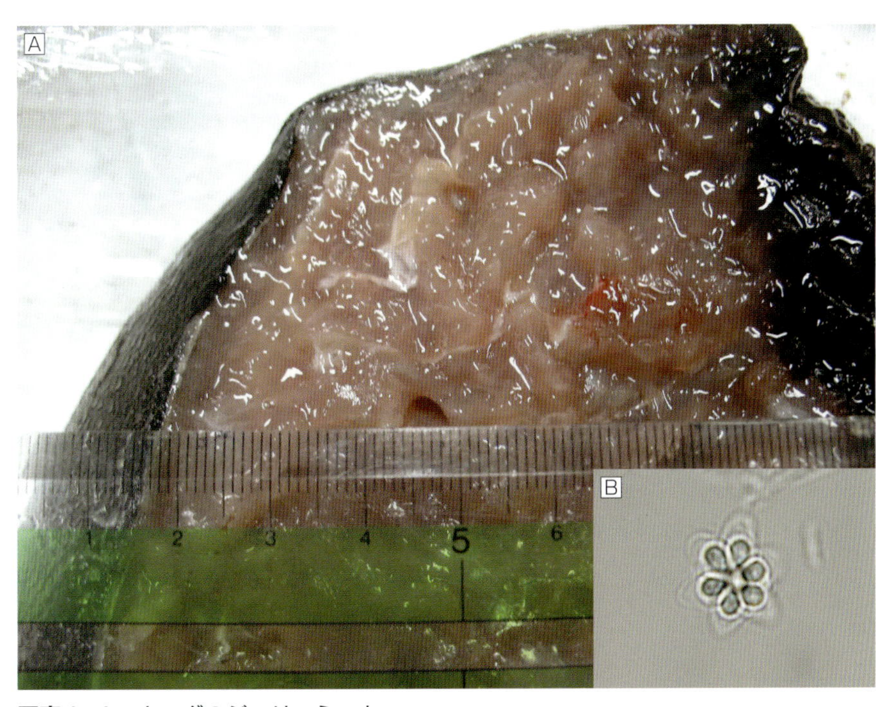

写真1-1　キハダのジェリーミート
ジェリーミートを呈したキハダの肉（写真A）を顕微鏡検査すると、キハダクドアの胞子（写真B）がみられる。

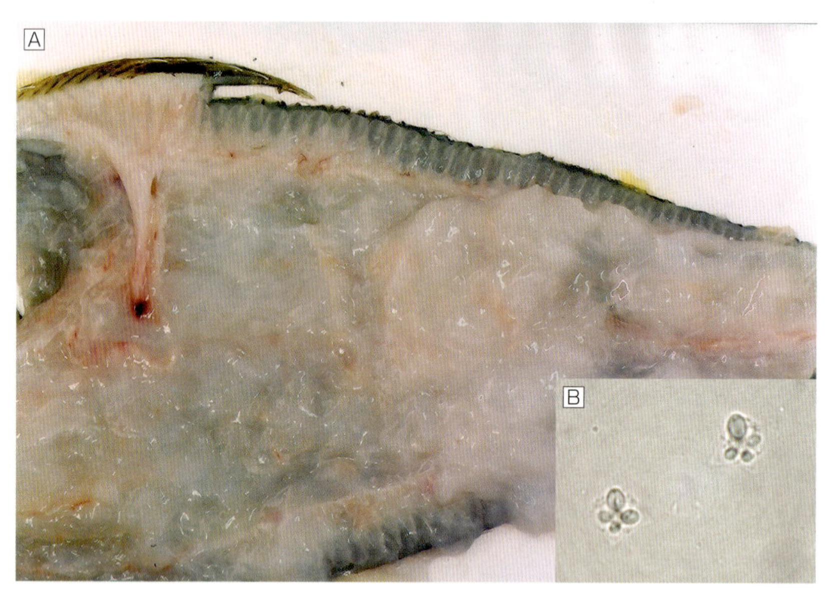

写真1-2　養殖ヒラメのジェリーミート
ジェリーミートを呈したヒラメの肉（写真A）を顕微鏡検査すると、ホシガタクドアの胞子（写真B）がみられる。

写真1-3　ミズダコのジェリー化
写真Aはジェリー化したミズダコ（左）と正常なミズダコ（右）。顕微鏡検査すると、原因クドア（写真B）が観察される。

neothunni）は6極嚢（**写真1-1B**）、ユニカプスラ属は1極嚢です。

クドア属の胞子は一般に放射相称で花弁状の形をしていますが、ホシガタクドア（*Kudoa thyrsites*）は4つの極嚢のうち1つだけ大きい不均一な星形をしています（**写真1-2B**）。ホシガタクドアは宿主特異性が低いのも特徴で、20種以上の魚種からみつかっています。近年ではキンメダイに寄生して患部が白濁している状態が報告されました（**写真1-4**）。これが重

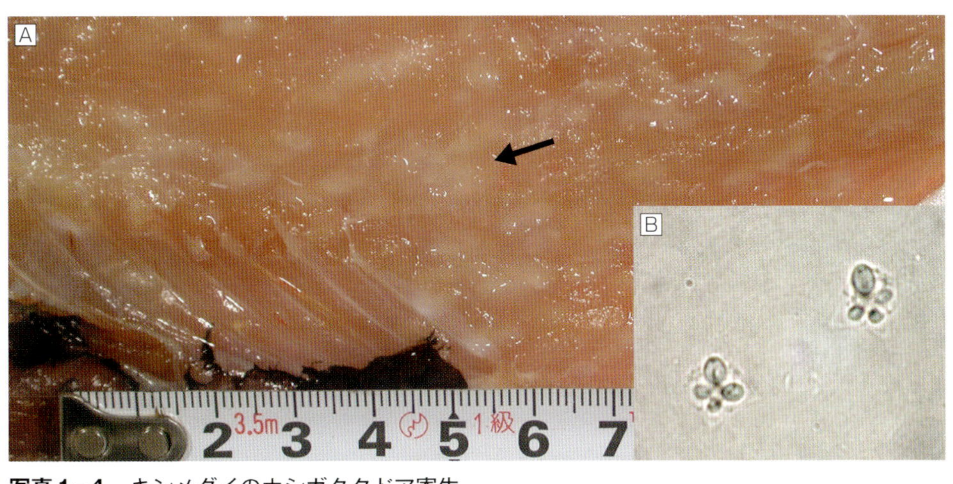

写真1-4　キンメダイのホシガタクドア寄生
患部が白濁（矢印）したキンメダイ（写真A）を顕微鏡検査すると、ホシガタクドアの胞子（写真B）がみられる。

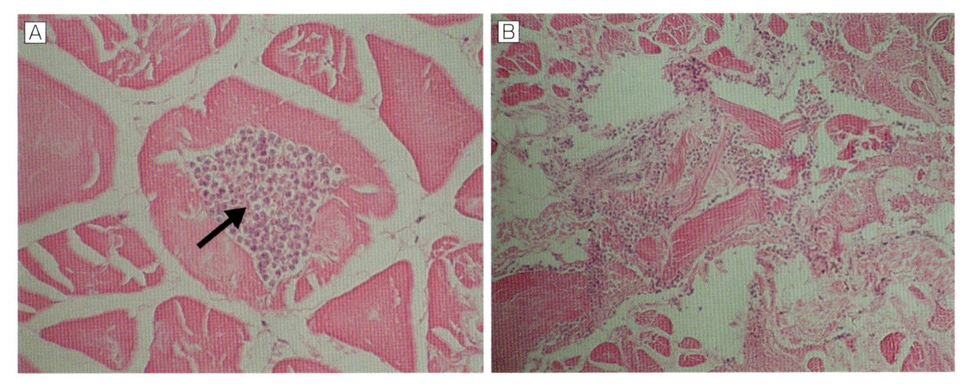

写真1-5　タイリクスズキクドアの寄生を受けた養殖タイリクスズキの筋繊維の組織切片
細胞内には偽シスト（写真A矢印）がみられる。筋肉融解後は写真Bのような状態となる。

篤化すると、体側筋肉全体にジェリー化が及ぶと思われます。

●ジェリー化のしくみのナゾ

ジェリーミートを起こす粘液胞子虫は魚の筋細胞内に寄生して、多数の胞子を形成します。宿主反応が起こらないので、肉眼的にシストとしては認められません（**写真1-5A**、偽シストとも言われる）。魚の死後、まず寄生を受けた筋線維が崩壊し始めると、次第に周りの正常な筋線維までもが崩壊し、ついには広範囲に液状化します（**写真1-5B**）。

粘液胞子虫がいつ、どのようにプロテアーゼを分泌するのかについては、よく分かっていません。プロテアーゼを分泌するのは成熟胞子ではなく胞子形成前の多核栄養体であると考えられます。

プロテアーゼの産生時期については、「魚が生きている間にも放出されていて通常は血流により拡散するため融解しないが、魚が死ぬとプロテアーゼが滞留して溶ける」とされています[1-4]。その一方で、「魚の死後、筋線維が崩壊して初めてプロテアーゼが周辺組織に流出する」という説もあります[1-4]。しかしいずれも推測にすぎず、メカニズムが明らかにされたとは言えません。

宿主由来のプロテアーゼとプロテアーゼ・イ

ンヒビターのバランスに寄生虫が干渉してジェリー化が起こると考えた方が、魚種により症状が異なる場合があることを説明できるのではないかという意見もありますが、これもまだ仮説の段階です。いずれにしろ、粘液胞子虫は培養ができないので実験的に証明するのは困難です。

タンパク分解酵素の特性

ジェリーミートを呈したキハダ（キハダクドア）、メカジキ（クドア・マスキュロリケファシエンス）、アトランティックヘイク（クドア・ローゼンブシ）などから、いくつかのシステインプロテアーゼがみつかっています[1-1、1-5]。

キハダクドアのプロテアーゼ活性はpH2.5〜5の酸性域で比較的強く、至適温度は55℃付近ですが、20〜30℃でも速やかに（12〜24時間以内）、5℃では数日以内、0℃でも徐々に、ジェリー化が進行します。酵素活性は寄生虫の種類によって異なりますので、寄生強度（胞子数）とジェリー化の程度は必ずしも一致しません。

ホシガタクドアでは肉1gあたり1万個から100万個の胞子が寄生するとジェリー化するのに対して、しばしば混合感染しているクドア・パニフォルミス（*Kudoa paniformis*）では1gあたり10万個から1億個の胞子が寄生しなければジェリー化に至らないと言われています[1-6]。これは、ホシガタクドアの方が酵素の活性が10倍から100倍強いことを示唆しています。

ジェリーミートの成れの果て

ジェリーミートを引き起こす種の寄生が長期間に及んだり魚種が異なったりすると、宿主反応によってメラニン沈着が起こり、黒い異物としてみられるようになります。

例えば、ダイキョクノウクドアはシイラやアカカマスに寄生するとジェリーミートになるのですが（**写真1-6A、B**）、ブリに寄生すると黒いゴマ粒状の異物としてみられます（**写真1-6C、D**）[1-7]。しかし、なぜ寄生する魚種が違うと症状が異なるのかは不明です。

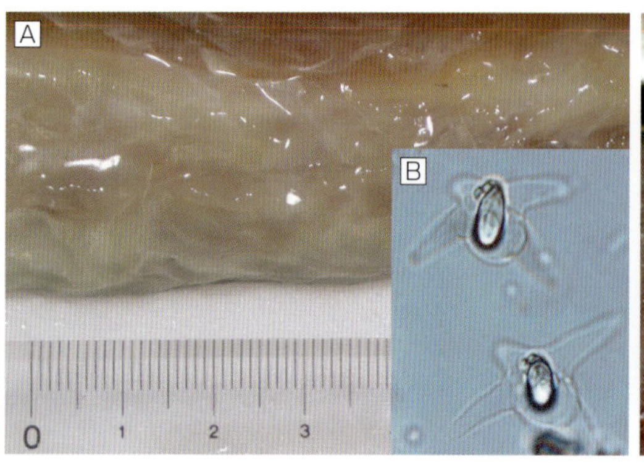

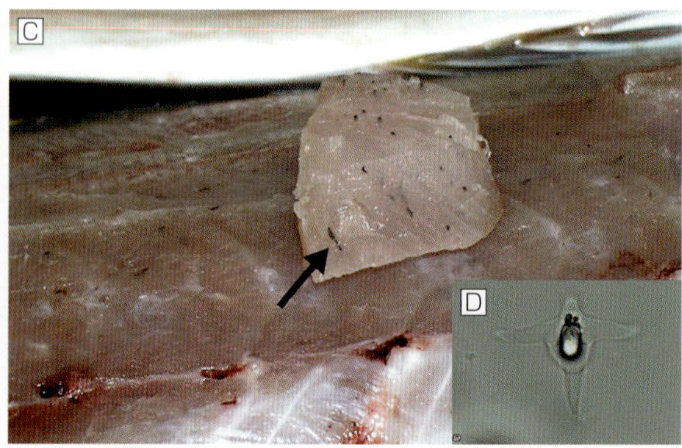

写真1-6　ダイキョウノウクドアの寄生
ジェリー化したアカカマスの筋肉（写真A）を顕微鏡検査すると、ダイキョクノウクドアの胞子（写真B）がみられる。また、黒い異物として顕在化したブリの筋肉（写真C）からもダイキョクノウクドアの胞子（写真D）が観察される。

調理・加工段階での対策

刺身向けの対策は難しい

かまぼこに加工する際、すり身にジャガイモ粉末や卵白を添加するとプロテアーゼ活性を阻害することが報告されています[1-4]。加熱調理に際しては、焼いたり蒸したりするよりも電子レンジで迅速に加熱する方がジェリー化を最小限に抑えられるようです[1-8]。

しかし、刺身として供する場合の対策はまったく講じられていません。ジェリー化の進行は酵素活性によりますので、温度に依存するのは明らかです。つまり流通過程における温度管理は非常に重要なのですが、冷凍や冷蔵で進行を遅らせることはできても、最終的に融解を防止することは不可能です。

漁獲段階での対策

そこで天然魚のジェリーミートの対策については、漁獲段階から検討し直さなければいけないことになります。つまり、もともと感染していない（あるいは感染率の低い）食材を選択することです。一般に粘液胞子虫の感染には地域性があるので、産地によって発生頻度が異なるという傾向があります。

そこで発生履歴のある海域の魚は避けることが推奨されます。これまでの調査では、「南アフリカのケープヘイクにおける寄生率は70％であった」、「ペルー沖のチリヘイクにおけるジェリーミートの発生頻度は14～44％であった」などとされています[1-1]。

表1-1の産地情報は過去の古い文献データをまとめたものですが、今後、このようなリストをアップデートするとともに、寄生率などの定量的データを加えることによって、より精度の高いリスク管理ができるようになることが望まれます。

養殖段階なら一定の対策ができる

天然魚と異なり養殖魚の場合は、生産段階で人為的な管理がある程度可能です。一般に粘液胞子虫に対する薬剤やワクチンはありませんが、陸上水槽で養殖される魚種については、用水を砂ろ過および紫外線照射することで感染防除できることが分かっています[1-9]。

また、ヒラメ養殖で実施されているクドア食中毒対策も応用できるかもしれません[1-10]。つまり、種苗の導入時にジェリーミートの原因となるホシガタクドアとタイリクスズキクドアのPCR検査をして感染種苗を入れないこと、さらに出荷時に顕微鏡検査をして感染ロットを除去するという対策を取ることが有効だと思われます。

人間への影響

人体には無害であるというのが通説です。その根拠として、ジェリー化が目にみえないほど軽度のものは気付かずに食されてしまっているはずなのに、これに起因すると思われる健康被害は知られていないこと、また意図的にジェリーミートを食した人もいたそうですが、問題なかったという事実があげられています[1-2]。

最近、ヒラメなどのクドア食中毒が問題になっていますが、今までの知見では、ジェリーミートは人体に影響ないと考えられます。

変色 1-2

Discoloration

頻度 ★

[主な症状・状態]
魚肉が一様に、または部分的に変色する。
[分類・原因]
異常を呈した魚類が生きている間に着色する場合と、死んで加工処理中に変色する場合に分けられ、それらの原因は魚種により変色の仕方が千差万別である。
[部位]
体側筋肉
[肉眼観察]
肉眼で体側筋肉の着色がみられる。
[人体への影響]
無害
[対策]
筋肉が変色するそれぞれの要因を排除する以外に方法がない。

魚肉の色は品質を表す

水産物の色調は品質評価上、非常に重要であり、死後の鮮度低下に伴っても変化します[1-11]。魚肉が一様に、または部分的に変色することで、一般消費者から苦情を受けることがあります。

ここでは魚肉の変色について、特に魚が死ぬ前と後に分けて原因と対策を紹介します。

魚が生きている間の着色（サケ・マス類、マアジ、イシガレイなど）

魚肉の色調は、多くの場合、筋肉中に含まれる各種色素に由来します。例えば、サケ・マス類の赤色はカロテノイド色素からなりますが、魚種による含量の差が大きく、ベニサケでは最も多い（よって赤くみえる）のに対して、カラフトマスでは少ないとされています（よって淡赤色にみえる）。

サケ・マス類がまだ繁殖期を迎えていないと銀色に（銀毛と呼ぶ）、婚姻色が出るとブナの樹皮を思わせるくすんだ模様にみえる（ブナサケと呼ぶ）のは、筋肉中のカロテノイド色素が生殖巣や皮膚などに移行するためと言われています。

マアジやスズキなど通常筋肉にカロテノイドを蓄積しない魚種では、オヨギピンノなど遊泳性のカニを大量に摂取したことで肉が着色した事例があります（**写真1-7A**）。黄疸のような病的現象によって、胆汁色素が全身にまわって黄色く変色する症例も知られています。

また、黒色色素が分布しない無眼側の「エンガワ」部分に、黄色から橙色でまだら模様に変色したイシガレイがみられた事例もあります（**写真1-7B、C、D**）[1-12]。筋肉を露出する

写真1-7　魚肉の変色
マアジの筋肉（写真A）は、オヨギピンノなどカロテノイドを含むカニ類を大量に摂取したことが原因で黄色く変色したと推測される。イシガレイでは、無眼側の「エンガワ」部分が、黄色から橙色のまだら模様に変色した（写真B）。写真Cは剖検により筋肉を露出した像であり、写真Dは変性した脂肪細胞の塊を示す。

と、大きさ70～300 μmの変性した脂肪細胞が多数みられます。このような異常を呈したイシガレイは冬期に限って漁獲されるという情報がありますが、原因は不明です。

なお、養殖魚の脂肪織黄変症は、変敗した飼料を投与した場合に起こるとされています。

魚が死んだ後の保存・加工中の変色（カツオ・マグロ類、イワシ・サバ、タラなど）

カツオ・マグロ類の赤色色素は、主にミオグロビンやヘモグロビンおよびこれらの誘導体です。

ミオグロビンは鉄を含む赤色色素ヘムとグロビンとが結合した色素タンパク質であり、酸素との結合状態により色調が変化します。新鮮な肉は酸素欠乏状態にあるので、やや赤紫色を呈していますが、空気中に長時間放置すると酸化型のメトミオグロビン（メト化）となって褐色化します。これを防ぐため、マイナス40℃以下という超低温で保管することが実用化されています。

イワシ・サバなどの脂質は高度不飽和脂肪酸（PUFA）を多く含み、酸化により「油焼け」して褐変します。そこで、各種酸化防止剤の添加や脱酸素剤を封入した包装などの工夫がなされています。

タラなどの白身魚では、保存中にメイラード反応が起きて褐変する場合があります。そこで、なるべく酸素を遮断して低温に保つことにより、この反応を抑制することができます。

粒状異物 1-3

Granular foreign bodies

頻度 ★★★

[主な症状・状態]

体側筋肉に紡錘形または米粒形、径が数mm、白色から褐色または黒色の粒状異物が単独あるいは複数みられる。

[分類・原因]

粘液胞子虫類、微胞子虫類、条虫類、吸虫類、線虫類

[部位]

体側筋肉

[肉眼・検鏡観察]

異物をピンセットでつまみ上げ、スライドグラスにのせて顕微鏡検査すると、各寄生虫に特徴的な形態が観察される。

[人体への影響]

無害

[対策]

健康に害はないので、除去して食する。心配であれば、冷凍・解凍または加熱調理する。

表1-2 日本産魚類の筋肉中にシストを形成する粘液胞子虫

寄生虫	極嚢数	魚種
アマミクドア (*Kudoa amamiensis*)	4	ブリ、カンパチ、スズメダイ他
イワタクドア (*Kudoa iwatai*)	4	マダイ、イシガキダイ、クロダイ、キチヌ、ヘダイ、スズキ、ブリ、サワラ、マゴチ
ダイキョクノウクドア (*Kudoa megacapsula*)	4	ブリ*
オガワクドア (*Kudoa ogawai*)	4	メダイ、ヒラメ
クドア・スコンベリ (*Kudoa scomberi*)	4	マサバ
クドア・チュニ (*Kudoa thunni*)	4	キハダ
クドア・トラチュリ (*Kudoa trachuri*)	4	マアジ
ヘネガヤ・サルミニコーラ (*Henneguya salminicola*)	2	ギンザケ、カラフトマス、サケ、マスノスケ、ベニザケ、ニジマス
ミクソボルス・アエグレフィニ (*Myxobolus aeglefini*)	2	ノロゲンゲ
ダエンシズクムシ (*Myxobolus artus*)	2	コイ
ユニカプスラ・セリオラエ (*Unicapsula seriolae*)	1	ヤイトハタ*

*黒いゴマ粒状異物として認められる。

粘液胞子虫類
(サケ・マス類、マアジ、ノロゲンゲなど)

多くの粘液胞子虫は、宿主魚の結合組織で包まれた袋状のシスト内で無数の胞子を作ります(**表1-2**)。白い米粒状のシストが筋肉中に形成されると、異物として目につくのでクレームの対象となります。例えば、サケ・マス類の筋肉に寄生するウチワムシの1種(*Henneguya salmonicola*)は、径4～5mmのクリーム色のシストとして認められます(**写真1-8A**)[1-13]。凍結保存やくん製などの加工処理されたものでは、シストが壊れてミルク状に溶けたようにみえる場合もありますが、クドアによるジェリーミートとは異なります。

シスト内には大量の胞子が充満しています(**写真1-8B**)。ウチワムシの胞子は卵型で、2

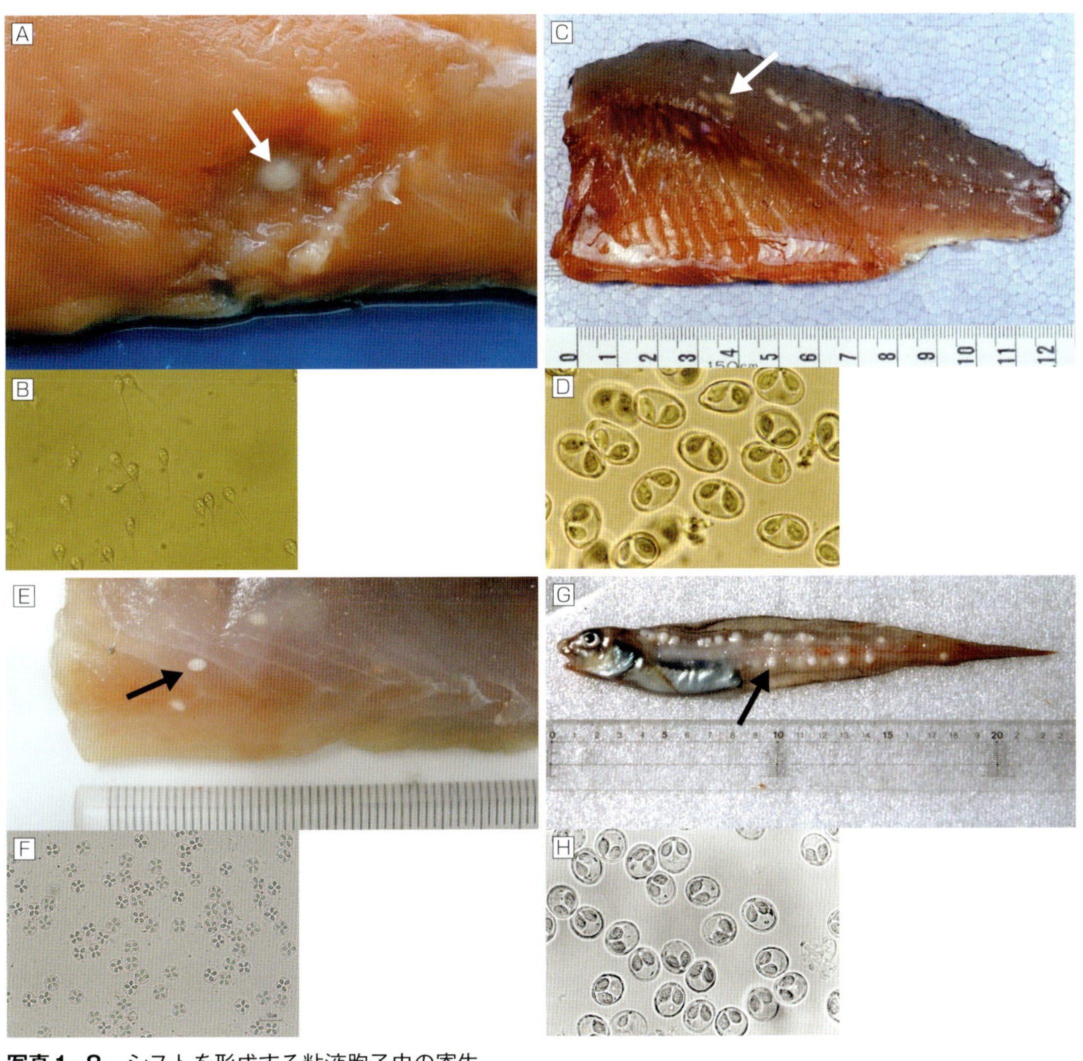

写真１-８　シストを形成する粘液胞子虫の寄生
カラフトマスの筋肉に寄生するウチワムシの１種によってシスト（写真Ａ）が作られる。写真Ｂは胞子。コイに寄生するダエンシズクムシは写真Ｃのようなシストを形成する。顕微鏡検査すると胞子（写真Ｄ）がみられる。マアジの筋肉に寄生するクドア・トラチュリも同様に写真Ｅのようなシストを形成し、写真Ｆのような胞子が観察される。ノロゲンゲに寄生するミクソボルス・アエグレフィニも写真Ｇのようなシストを作り、写真Ｈのような胞子がみられる。

個の極嚢（きょくのう）と２本の尾端突起（尻尾のような構造物）を持っているのが特徴です。胞子体の長さは約 10 μm、尾端突起を含めた全長は約 40〜50 μm です。

同じように、筋肉に白いシストを作る粘液胞子虫には、コイに寄生するダエンシズクムシ（*Myxobolus artus*）（**写真１-８Ｃ、Ｄ**）や、マアジに寄生するクドア・トラチュリ（*Kudoa trachuri*）（**写真１-８Ｅ、Ｆ**）、ノロゲンゲに寄生するミクソボルス・アエグレフィニ（*Myxobolus aeglefini*）（**写真１-８Ｇ、Ｈ**）などがあります。寄生を受けた魚は、いずれもみた目が悪いために食品としての商品価値を落とします。シストの寄生が長期化すると、宿主反応および色素沈着が進み、白色から褐色、黒色と色が変わってみえてきます。

微胞子虫類（ブリ、ホシガレイ、クロマグロ、サンマ、クエなど）

表1-3 日本産魚類の筋肉中にシストを形成する微胞子虫

種名	胞子の長さ×幅（μm）	宿主
タケダビホウシチュウ（*Kabatana takedai*）	2.8～4.9×1.7～2.3	サケ科魚類
ブリキンニクビホウシチュウ（*Microsporidium seriolae*）	2.9～3.7×1.9～2.4	ブリ、カンパチ、ヒラマサ
ミクロスポリジウム・シプセルラス（*Microsporidium cypselurus*）	3.7～4.8×2.1～2.7	ハマトビウオ
マダイビホウシチュウ（*Microsporidium* sp. RSB）	2.9～3.9×1.9～2.6	マダイ
ホシガレイビホウシチュウ（*Microsporidium* sp. SH）	2.8～3.8×1.8～2.3	ホシガレイ
マグロビホウシチュウ（*Microsporidium* sp. PBT）	2.4～2.9×1.2～1.7	クロマグロ
ミクロスポリジウム・sp. AP（*Microsporidium* sp. AP）	3.5～4.0×1.8～2.3	スケトウダラ
ミクロスポリジウム・sp. JJM（*Microsporidium* sp. JJM）	約7.5×2.0	マアジ
ミクロスポリジウム・sp. *（*Microsporidium* sp.）	未記載	サンマ
ミクロスポリジウム・sp. *（*Microsporidium* sp.）	未記載	クエ

*宿主により寄生虫の種類も異なると考えられる。

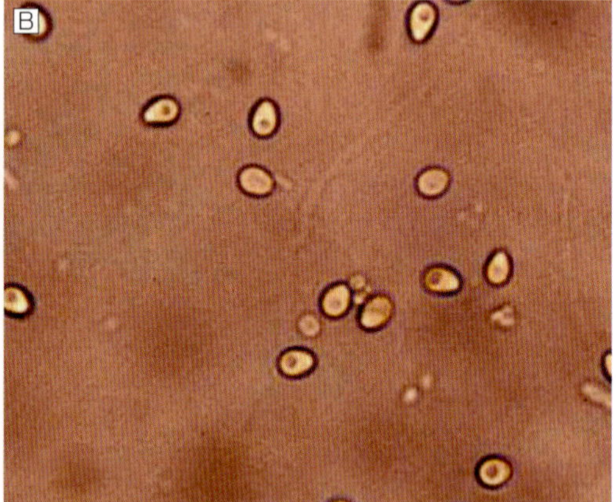

写真1-9 ブリキンニクビホウシチュウの寄生
べこ病に罹患したブリ稚魚（写真A）では胞子（写真B）が観察される。

微胞子虫（**表1-3**）も粘液胞子虫と同様に、筋肉中に1～数mmの白いシストを形成する種類があります。最も有名なものは、養殖のブリ類（ブリ、カンパチ、ヒラマサ）に寄生して、べこ病の原因となるブリキンニクビホウシチュウ（*Microsporidium seriolae*）でしょう（**写真1-9**）[1-14]。

病名は、体表が凹凸を呈し、肉眼的に「べこべこ」になることに由来しています。古くから淡水魚ではニホンウナギ、海産魚ではブリ類のほかにマダイなどで知られていますが、ニホンウナギでは白い粒状異物は形成されません（原因虫はウナギイケイビホウシチュウ（*Heterosporis anguillarum*））。

●魚種ごとで寄生種も異なる

一般に微胞子虫類は宿主特異性が強く、魚種によって寄生虫の種類が異なります。ブリ類に寄生するのはブリキンニクビホウシチュウですが、マダイに寄生するものはマダイビホウシチュウ、最近では、クロマグロに寄生するマグロビホウシチュウや、ホシガレイに寄生するホシガレイビホウシチュウも報告されています（**表1-3**）。

ブリキンニクビホウシチュウは、シストの中で大きさ2～3μmの卵形の胞子を無数に形成します（**写真1-9B**）。教科書的には、胞子の内部に「極管」という中空の糸状構造物がらせん状に収まっているように描かれていますが、これは電子顕微鏡でなければみえません。この極管が弾出し、その内部を胞子原形質が通って宿主の細胞内に打ち込まれることで、感染が成立します。

ブリキンニクビホウシチュウは主にブリの稚魚期に感染し、ひどい場合は体表に穴が開いて致命的影響を及ぼしたり、衰弱して成長が遅れたりすることもありますが、通常は病害性が弱い寄生虫とされています。魚の成長過程でシストが崩壊して、胞子がマクロファージに貪食され、患部は次第に小さくなって徐々に回復し、1年から1年半で自然治癒すると言われてきました（**写真1-10**）。

ところが近年、シストの一部が出荷サイズになっても残っていることがあり、食品中の異物として問題になっています。その原因は、初期の感染量が非常に多いために治りきらないものだと考えられます。

一方、ホシガレイビホウシチュウはホシガレイの人工種苗に感染し、筋肉に内出血を引き起こして大量死の原因になりました（**写真1-11A**）。マグロビホウシチュウは種苗生産の初期（7～9月）に高率で感染が認められたことがありますが（**写真1-11B**）、秋から冬にかけてシストが崩壊し、寄生率と寄生強度（シスト数）が減少したと報告されています[1-6)]。クロマグロに対する病害性はないものの、もし成魚まで残ると、商品価値に多大な影響を及ぼすことが懸念されました。しかし、これまで流通している養殖クロマグロに検出された事例はないので、成魚になるころまでには完全に消失すると推測されます。

ブリキンニクビホウシチュウは魚から魚への感染は起こらないので、生活環に中間宿主となる無脊椎動物が介在し、ブリへの感染を媒介していると推測されています。つまり、ブリのべこ病は生簀内で感染が広がることはないものの、原因生物の生活環や感染機序が不明のため、根本的な防除策が立てられないというのが現状です。

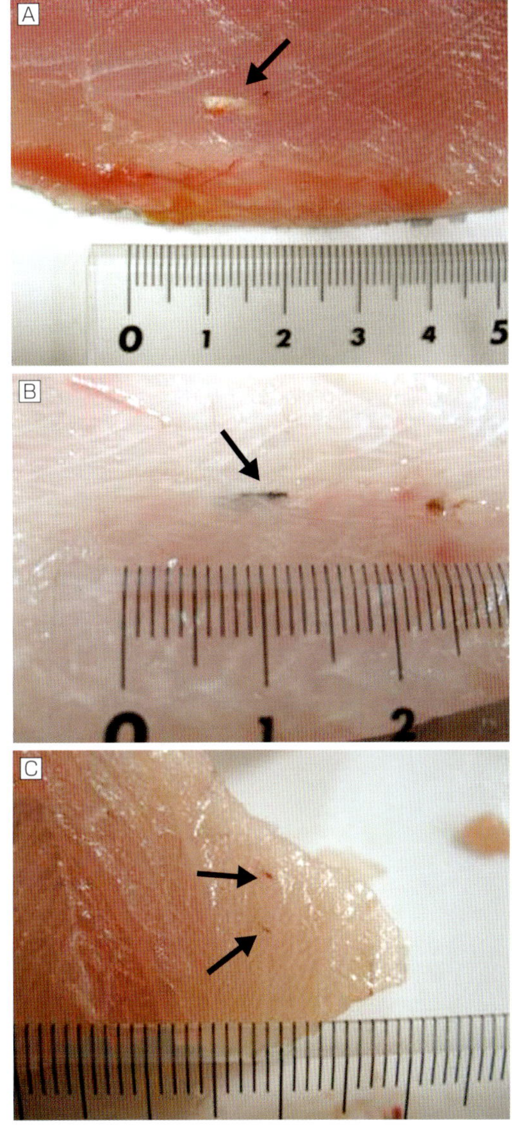

写真1-10　ブリのべこ病の治癒過程
時間経過に伴って、A、B、Cのようにシスト（矢印）が黒変して縮小していく。

●養殖魚では飼育管理で対策が可能

一般に、養殖魚の魚類微胞子虫症の対策とし

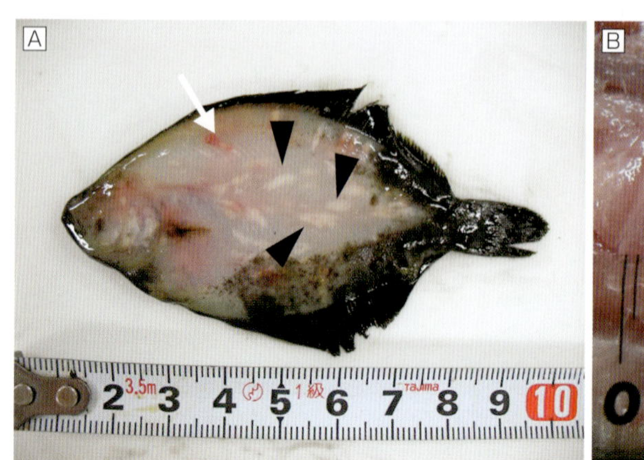

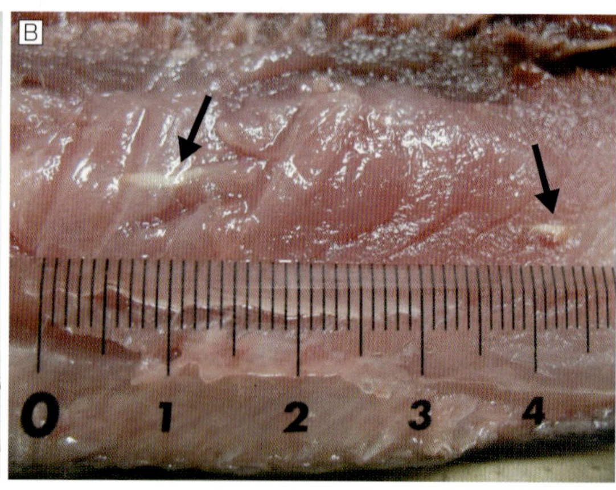

写真 1 -11　ホシガレイおよびクロマグロの微胞子虫寄生
ホシガレイビホウシチュウのシスト（写真 A の矢頭）と寄生に伴う内出血（写真 A の矢印）、およびマグロビホウシチュウのシスト（写真 B の矢印）を示す。

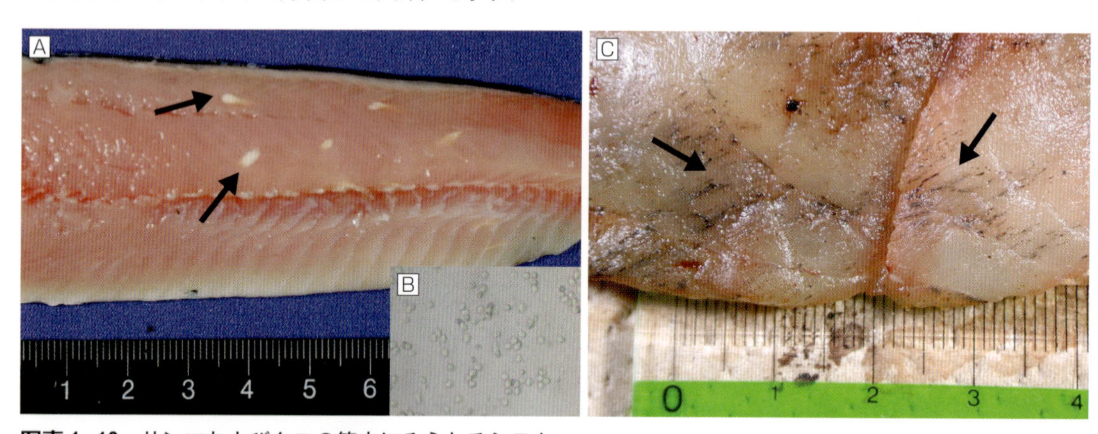

写真 1 -12　サンマおよびクエの筋肉にみられるシスト
サンマの筋肉に白いシスト（写真 A）を作る微胞子虫（写真 B）とクエの筋肉に形成された微胞子虫の黒いシスト（写真 C）を示す。

て、いつ、どこで、どのように魚体に侵入するのかという感染動態を把握して、なるべく感染を回避・軽減化するような飼育管理法によって、総合的に防除する方法が検討されています。例えば、種苗導入時期やサイズ、育成場所を変えることなどです。

しかし最近、養殖期間中に経口投与することでブリキンニクビホウシチュウを駆虫する特効薬（アルベンダゾール）がみつかり、特許として公開されました。まだ毒性などクリアすべき課題は残されているものの、今後、本症は劇的に減少することが期待されます。

近年、回転寿司店でサンマの筋肉に白いシストが多数みられ、問題になりました（**写真 1 -12A、B**）。以前はサンマといえばほとんど塩焼きでしたが、冷蔵技術と広域流通の発達により生食用として都市部にまで輸送されるようになったことが、この寄生虫の発見につながったと考えられます。

また、クエの筋肉に黒い筋状異物が多数みられた症例があります（**写真 1 -12C**）。これは、筋肉に寄生した微胞子虫のシストが壊れて、宿主反応によりメラニン沈着した結果です。

なお、魚類寄生微胞子虫で人体に寄生する種類はいないので、万が一、口に入ったとしても、害を及ぼすことはありません。

条虫類（カツオ、アジなど）

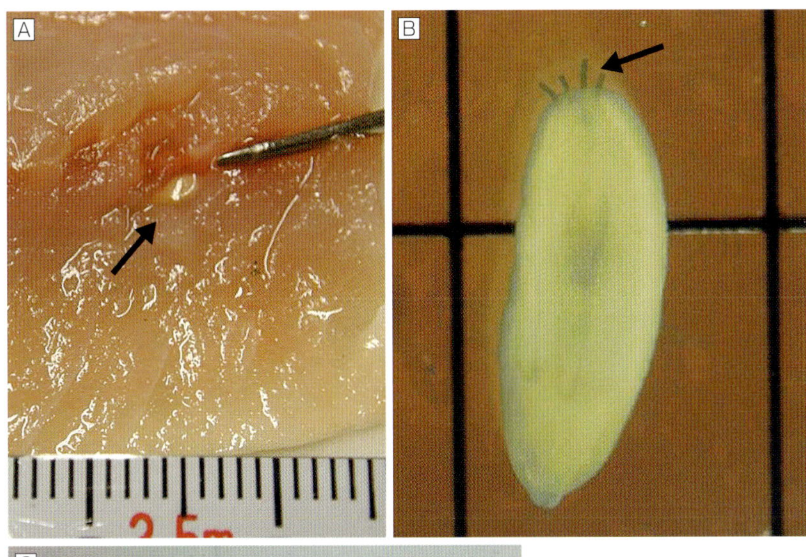

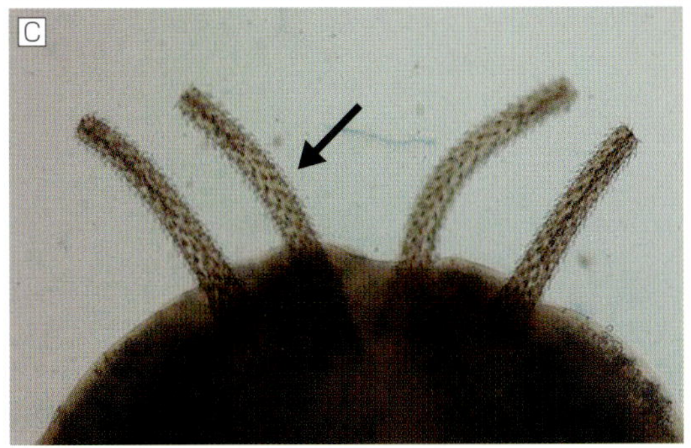

写真 1-13　テンタクラリアの寄生
マアジの筋肉にみられた四吻目条虫（テンタクラリア）の幼虫（写真 A、B）の吻を拡大すると、写真 C のように多数の鉤が観察される。

四吻目条虫の幼虫が大きさ 5 mm 前後の白い米粒状の虫体として筋肉にみられることがあります。なかでもカツオやアジに寄生するテンタクラリアが有名です（**写真 1-13A**）。筋肉中では魚の結合組織に包まれており、摘出すると頭部に 4 本の吻を持っているのがみられます（**写真 1-13B、C**）。

季節的には、春から夏に出現することが多いようです。なお、四吻目条虫の終宿主はサメ類のため人間に寄生することはありませんが、まれに吻が喉にひっかかる症例があるので注意が必要です。

表 1-4　日本産魚類の筋肉中に粒状異物を形成する条虫、吸虫、線虫

種名	分類群	宿主
テンタクラリア (*Tentacularia* sp.)	条虫類 (幼虫)	カツオ、マアジ、マサバなど
ポストディプロストマム (*Posthodiplostomum* sp.)	吸虫類 (幼虫)	コイ
リリアトレマ (*Liliatrema skrjabini*)	吸虫類	クロソイ
オウキュウチュウ (*Clinostomum complanatum*)	吸虫類	ドジョウ、フナ、アユなどの淡水魚
ハフマネラ (*Huffmanella* sp.)	線虫 (卵)	ハモ

吸虫類（コイ、クロソイ、ドジョウ、フナ、アユなど）

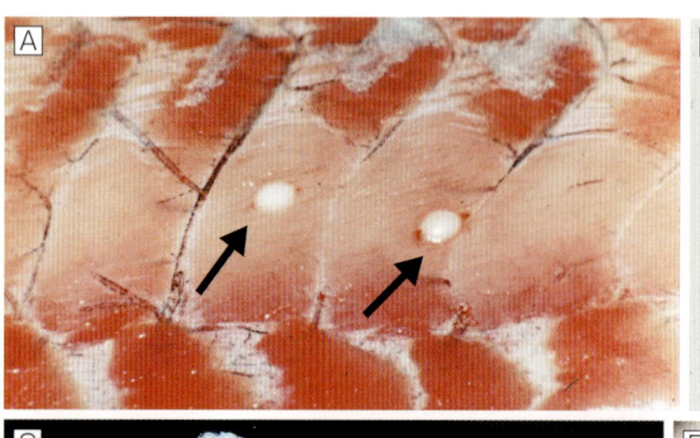

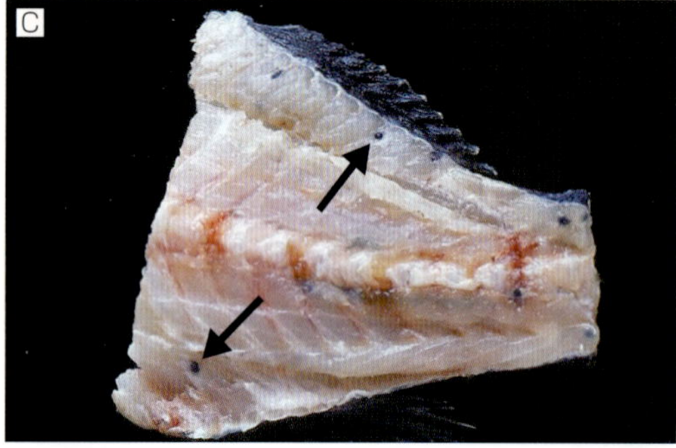

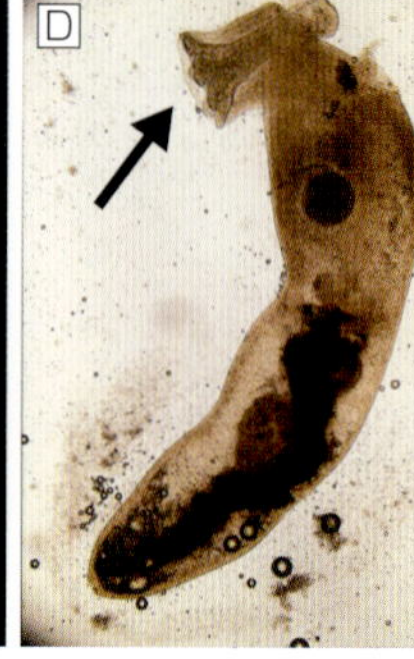

写真 1 -14　コイおよびクロソイにおける吸虫の寄生
コイの筋肉には吸虫（ポストディプロストマム）がみられた（写真A、B）。また、クロソイの筋肉には吸虫（リリアトレマ）がみられ、（写真C、D）矢印のようなユリ状の口吸盤が観察される。

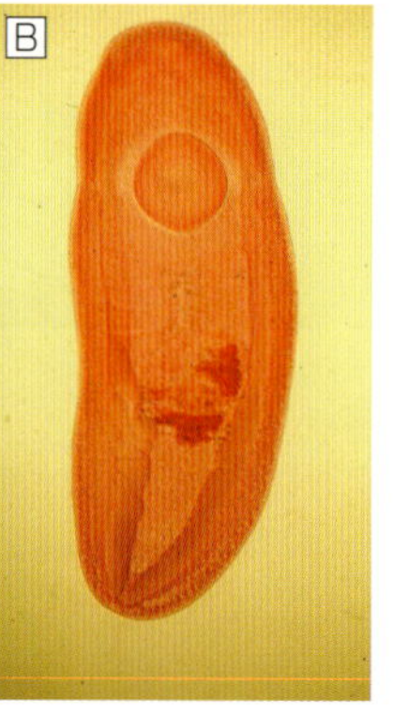

写真 1 -15　ドジョウにおける吸虫の寄生
ドジョウの筋肉にはオウキュウチュウがみられた。

魚類を中間宿主とする吸虫のいくつかは、メタセルカリア幼虫が筋肉内に被嚢を作って寄生しています。コイのポストディプロストマム（*Posthodiplostomum* sp.）は筋肉内に白いシストとしてみられます（**写真 1 -14A、B**）。

また、クロソイのリリアトレマ（*Liliatrema skrjabini*）は、大きさ2mm程度の黒いシストとしてみられます（**写真 1 -14C**）。虫体を顕微鏡で観察すると、口吸盤の形がユリ（lily）の花に似ていることからこの名が付けられました（**写真 1 -14D**）。

ドジョウ、フナ、アユなどの淡水魚に寄生するオウキュウチュウ（*Clinostomum complanatum*）は、黄白色で楕円形（2mm前後）の粒状にみられます（**写真 1 -15**）[1-15]。終宿主はサギ類であり、その口部や食道に寄生して成虫になるので、人間には寄生しません。しかし、ヒトが誤って摂食したときに咽頭にひっかかって炎症を引き起こした症例があることから、ドジョウの「踊り食い」は避けるべきです。

線虫類（ハモなど）

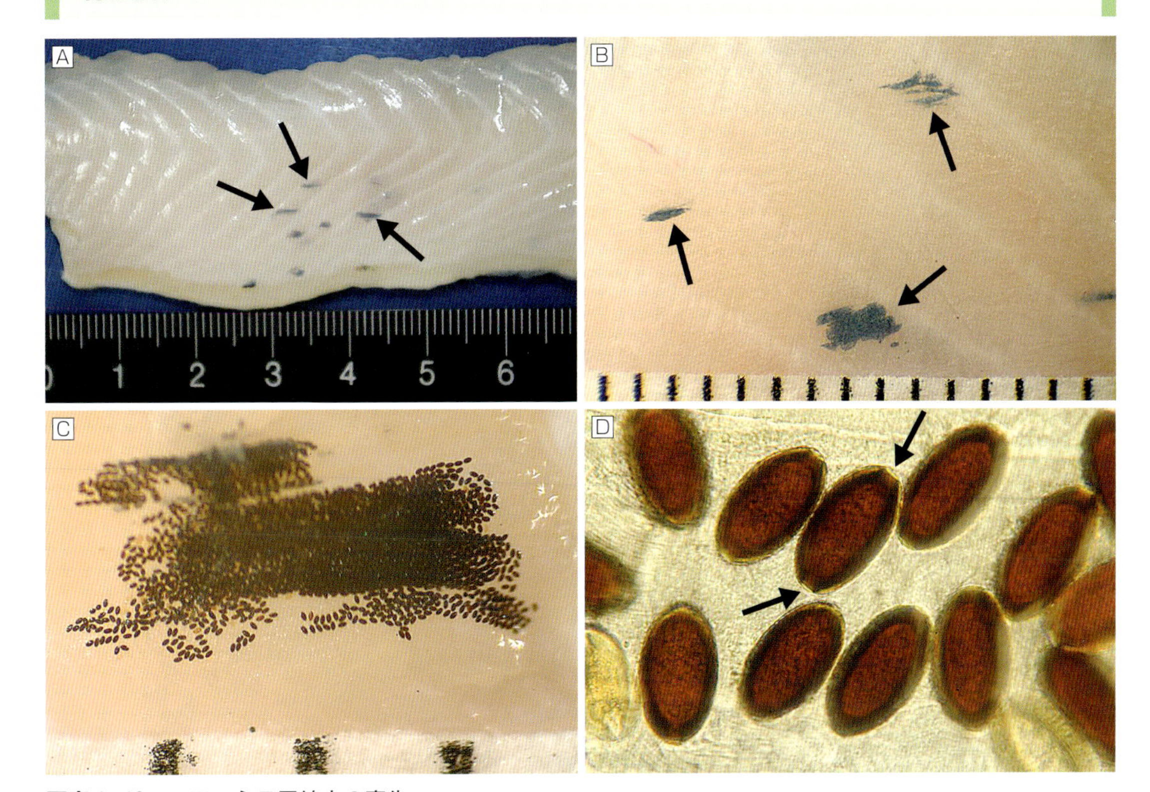

写真１-16　ハフマネラ属線虫の寄生
ハモの肉に黒色異物（写真 A、B）がみられた。拡大すると、ハフマネラ属線虫の虫卵の集合体（写真 C）が観察できる。ハフマネラ虫卵（写真 D）は、両端に矢印に示したような栓様構造を持つ。

ハモの肉に２～３mm の黒色異物がみられ、クレームがついたことがあります（**写真１-16A、B**）。初めは「粒状」にみえましたが、これを拡大してみると、褐色の点状構造物の集合体であることが分かりました（**写真１-16C**）。

さらに形態学的に精査した結果、これはハフマネラ属（*Huffmanella*）線虫の卵でした。虫卵は長さが約 65 μm の紡錘形で、両端がカットされたような栓様構造を持つことが特徴です（**写真１-16D**）。

産み出された直後の虫卵は透明のため、目に付きにくいのですが、成熟すると暗褐色になり、内部に幼虫が形成されます。このように肉眼でみえるころには、成虫は既に移動している、もしくは死滅しているので、虫卵しかみつからないことが多いようです。そのため、ハフマネラ属線虫は虫卵の形態だけで分類される場合もあります[1-16]。

なお、ハフマネラ属には十数種類が知られており、いずれも終宿主は魚類なので、人体には害はありません。実際、感染魚を食べた人の糞便検査において、消化管内を通過した虫卵がしばしば検出されていることもそれを裏付けています。

細長い虫 1-4

Long and narrow worms

頻度 ★★★

[主な症状・状態]

筋肉内に長さ数 cm 以上の細長い虫が折り畳まれた状態で、または活発に動き回ってみられる。

[分類・原因]

線虫類、条虫類、吸虫類

[部位]

体側筋肉

[肉眼・検鏡観察]

虫体をスライドグラスにのせて顕微鏡検査すると、各寄生虫に特徴的な形態が観察される。

[人体への影響]

無害

[対策]

健康に害はないので、除去して食する。

魚を終宿主とする寄生虫はヒトには無害

魚をさばいた瞬間、長さ数 cm の細長い虫がニョロニョロとうごめいていたら、ゾッとしない人はいないでしょう。気持ちが悪い寄生虫の代表格です。人体寄生虫として有名なアニサキスと同じように、これらも人間に害があるのでしょうか？　幸いなことに、答えは否です。

表1-5　魚類の体側筋肉に寄生する線虫類、条虫類、吸虫類

種名	分類群	宿主
ブリヒモセンチュウ (*Philometroides seriolae*)	線虫類	ブリ
ヒモセンチュウ類 (*Philometroides* sp.)	線虫類	カツオ
イトセンチュウ類 (*Philometra* sp.)	線虫類	クエ
四吻目条虫 (*Trypanorhyncha cestoda*)	条虫類 (幼虫)	カンパチ
ディディモゾーン科吸虫 (Didymozoidae trematoda)	吸虫類	カツオ、サバ、コショウダイなど
ゴナポダスミウス・オクシマイ (*Gonapodasmius okushimai*)	吸虫類	マダイ

魚に寄生するアニサキスは幼虫であり、終宿主は人間と生理的環境が似ている海産哺乳類です。そのため、アニサキスが人体に取り込まれると活発に運動して胃壁や腸管壁に穿孔し、寄生しようとしますが、結果的には死んでしまいます。しかし、その過程で激しい炎症反応が引き起こされるので、腹痛をもたらすのです。

それに対して、本章で紹介する線虫はいずれも成虫であり、魚を終宿主としています。つまり、魚体内で産卵した虫は既に生涯を全うして死ぬのを待つのみであり、哺乳類には適応していないので、たとえ人体に入ったとしても寄生する能力はありません。

魚類を終宿主とする線虫には、筋肉だけでなく生殖腺や鰾（うきぶくろ）などに寄生するものがありますが、ここでは魚肉に寄生するいくつかの大型線虫類、および、一見似たようにみえる条虫類や吸虫類について取り上げます。

筋肉線虫（ブリ）

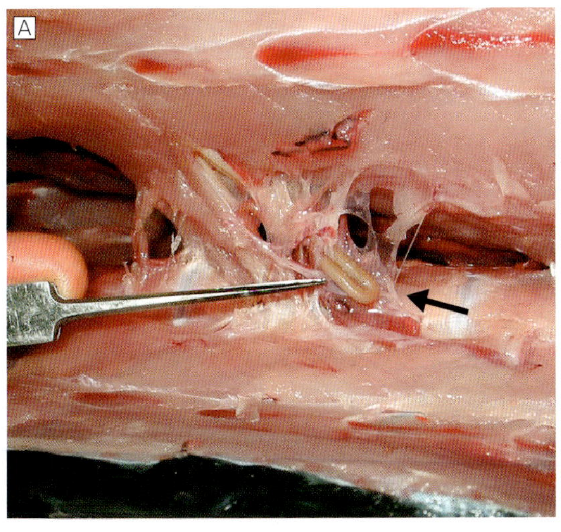
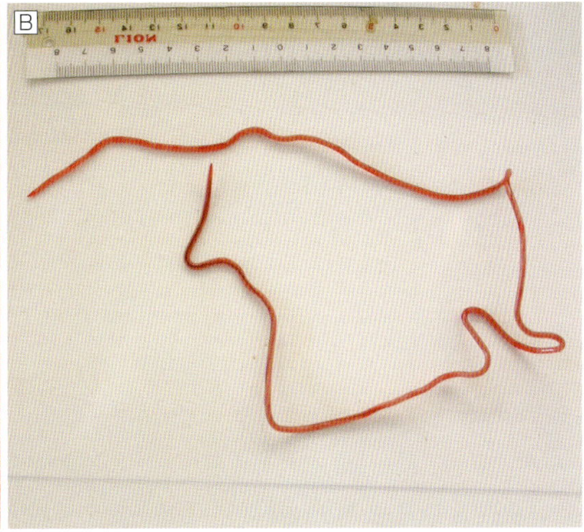

写真 1-18　ブリにおける筋肉線虫の寄生
ブリの筋肉内に寄生しているブリヒモセンチュウ（写真 A）を摘出すると、写真 B のような若い虫体がみられる。

ブリヒモセンチュウ（*Philometroides seriolae*）がブリの筋肉内にみられることがあります。この線虫は長さ 30 cm 以上にもなり、肉の中では折り畳まれた状態で寄生しています（**写真 1-18A**）。これらは全てメスで、体の内部は卵で充満しています。赤くみえる虫体（**写真 1-18B**）は比較的若い虫ですが、体内の虫卵がふ化して子宮が仔虫で満たされると、クリーム色になってきます。その後、ブリの皮膚に穴を開けて虫体の一部を体外に出し、仔虫を水中に放出する現象が観察されます[1-17]。

春先、産卵後の痩せた天然ブリに多いと言われています[1-18]。春から夏に仔虫を産んだ後、虫体は魚から離脱します。虫が外に出れば自然治癒すると考えられていましたが、離脱するのは体表近くに寄生していた虫のみで、筋肉の深部に寄生していたものは肉の中で死滅するようです。その場合、宿主の体内に死んだ虫の残骸が異物として残ってしまいます。死骸は宿主反応により徐々に萎縮して消滅しますが、どれほどの期間が経てば完全になくなるかは分かっていません。

なお、養殖ブリにおいても寄生例がありますが、生活環は不明であり、中間宿主が特定できていないため、感染防除策はありません。感染地域が特定されれば、リスクの高い海域や時期の漁獲を避けるなどの対策が確立されるかもしれません。

筋肉線虫（クエ）

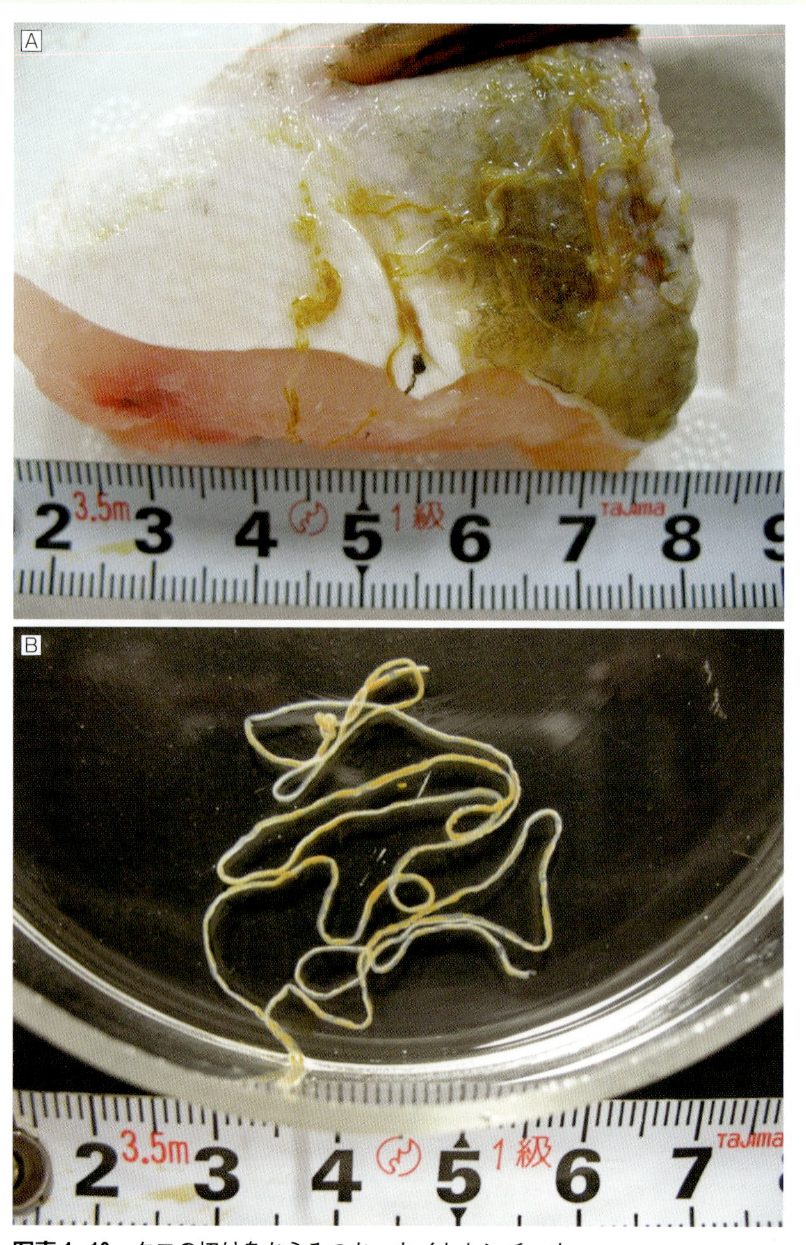

写真 1-19 クエの切り身からみつかったイトセンチュウ

写真 1-19 は、糸状で長さ 10 cm 以上の黄色い虫体がクエの切り身に混入していたことでみつかったものです。虫体内には虫卵が充満しており、形態学的にはフィロメトラ属と考えられたものの、種レベルでは同定されていません。

同じ属の魚では、キジハタにキジハタイトセンチュウ（*Philometra pinnicola*）、マハタにマハタイトセンチュウ（*Philometra ocularis*）の寄生が知られていますが、それぞれ鰭および眼窩に寄生するので、別種とされています。いずれにしても、フィロメトラ科の線虫は全て魚類寄生性のため、人体に影響はありません。

筋肉線虫（カツオ）

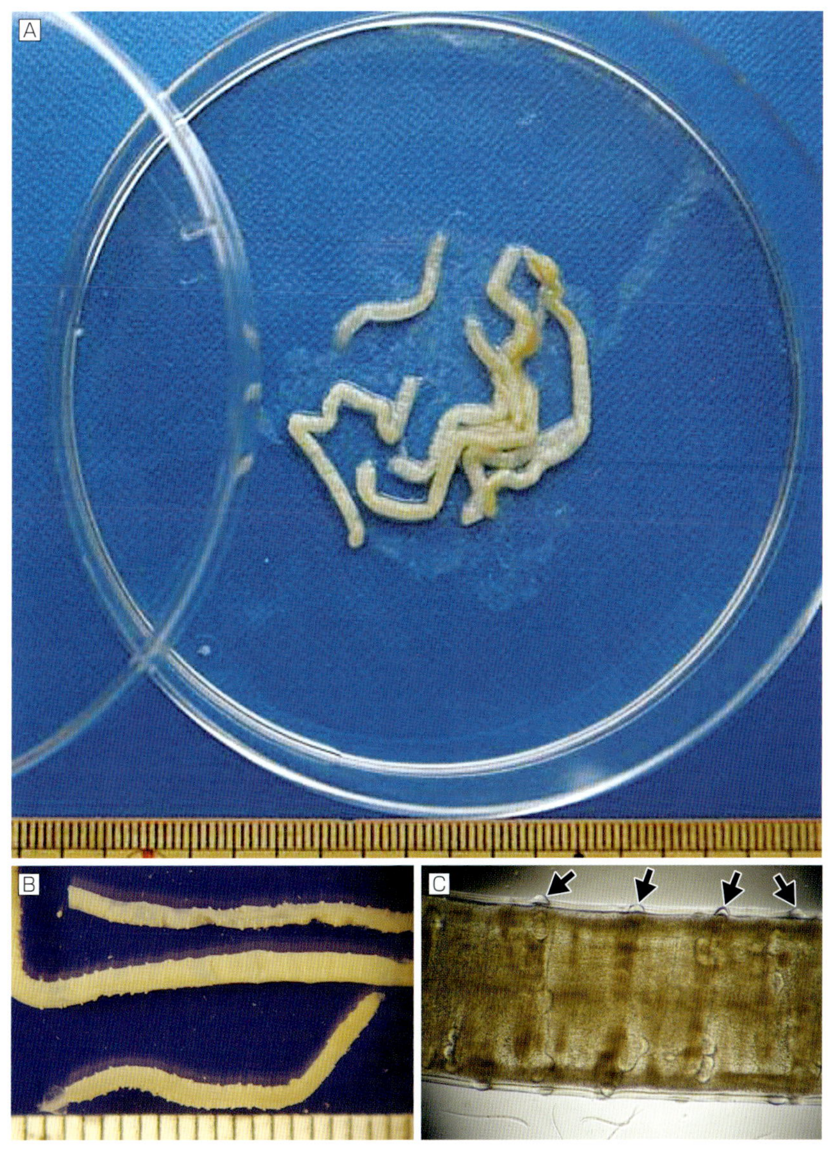

写真 1-20　カツオにおける筋肉線虫の寄生
カツオの切り身からみつかったヒモセンチュウの１種（写真Ａ、Ｂ）では、体表に突起（矢印）が観察できる（写真Ｃ）。

カツオの切り身に、1.5〜3.5 cm に切断された状態で寄生虫の断片が混入していました（**写真 1-20A、B**）。虫は直径 1.5 mm ほどの円筒形で、頭部や尾部はみつかりませんでしたが、虫体の表面にヒモセンチュウ属（*Philometroides*）特有の細かい突起が観察されたことから、ヒモセンチュウの１種と考えられました（**写真 1-20C**）。

内部には細い腸管が表皮を透かしてみられ、その他は子宮が占めています。また、子宮の内部には卵胎生の幼虫が充満しています。

分類上は 29 頁のブリヒモセンチュウに近い寄生虫ですが、生物学的な特徴はよく分かっていません。

四吻目条虫（カンパチ）

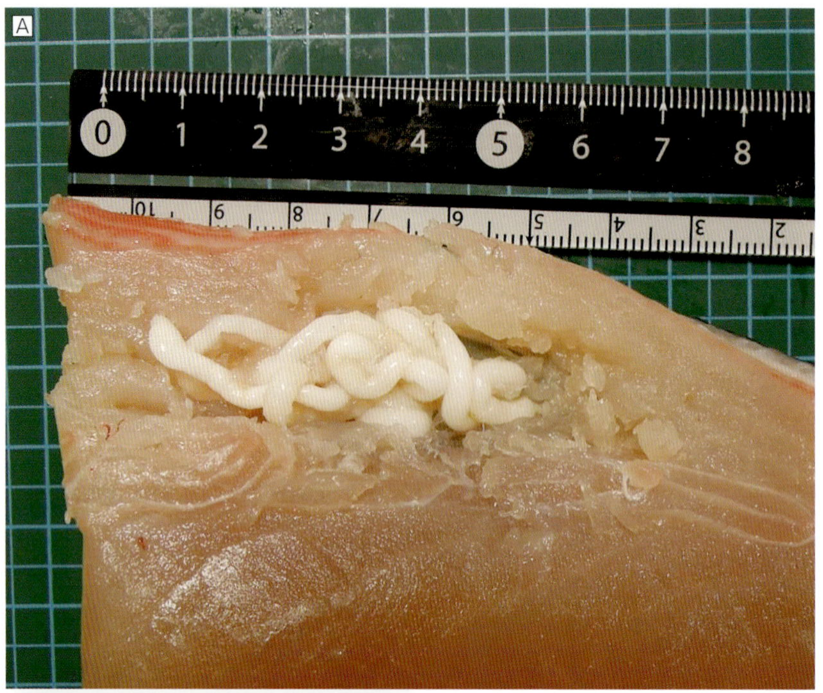

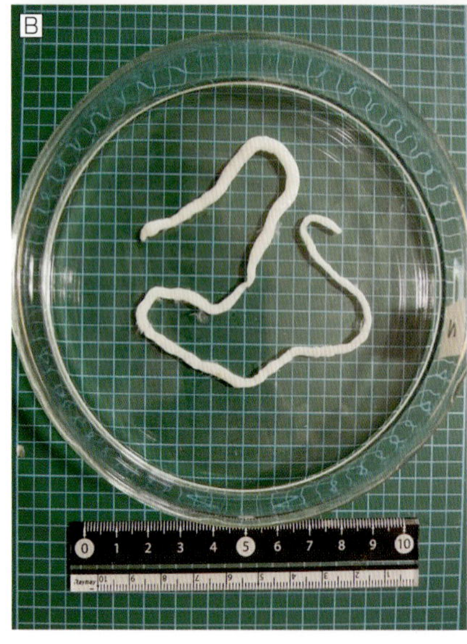

写真1-21　カンパチの筋肉にみられた四吻目条虫の幼虫
カンパチの筋肉内に折りたたまれた状態で寄生していた虫体（写真A）を摘出すると、写真Bのような長さ50 cm程度の条虫がみられた。

養殖カンパチを出荷する際に三枚におろしたところ、今まで知られていなかった四吻目条虫の幼虫が検出された事例があります（**写真1-21**）[1-19]。

色は白くて細長く（45～55 cm）、一見、29頁で紹介しているブリヒモセンチュウに似ていますが、ブリヒモセンチュウはカンパチに寄生しないこと、また、体幅が一定でないことと断面が円形でないことから区別できます。

この寄生虫は、稚魚期に中間宿主の甲殻類または魚類を捕食して寄生を受けたと考えられますが、発生例は極めてまれです。

ディディモゾーン科吸虫（カツオ、コショウダイ、マダイ）

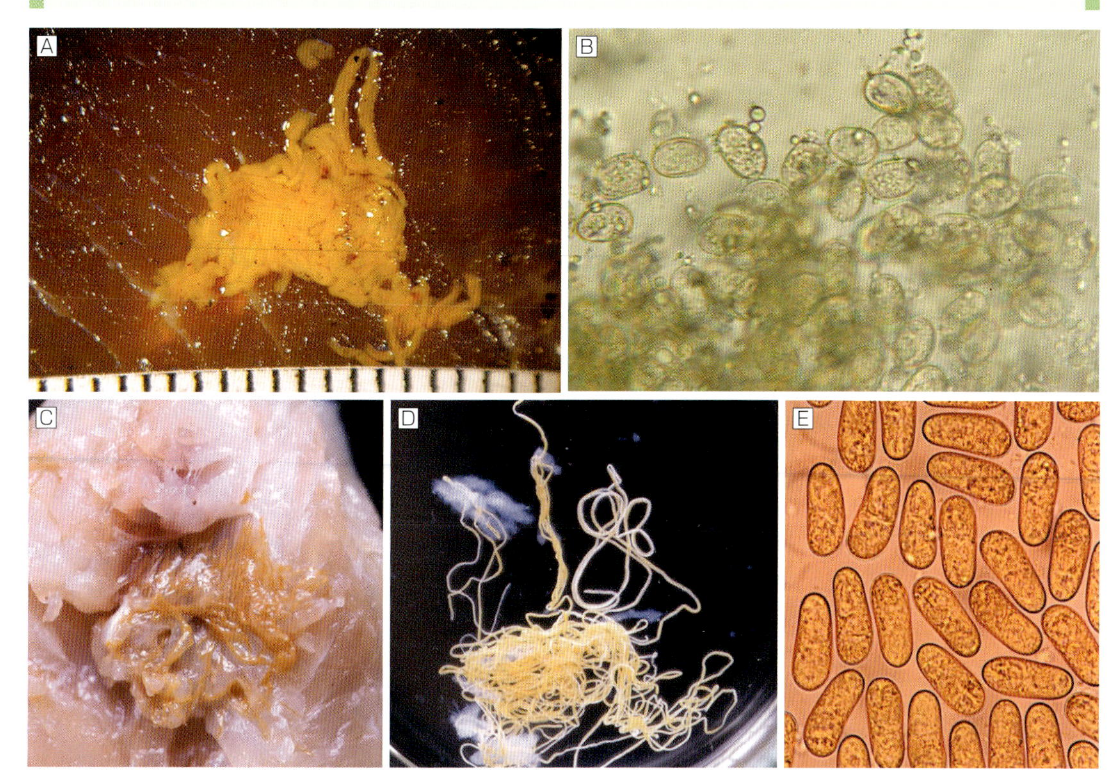

写真 1 -22　カツオおよびマダイにおけるディディモゾーン類吸虫の寄生
カツオの筋肉にみられたディディモゾーン吸虫（写真 A）では、写真 B のような虫卵が観察される。また、マダイの筋肉には写真 C、D のようなゴナポダスミウス吸虫とその虫卵（写真 E）がみられる。

ディディモゾーン（*Didymozoon*）科の吸虫は成虫であるため、虫体内部に多数の卵を形成しており、黄色いひも状にみえます。カツオのディディモゾーンは、筋肉内に黄色で大きさ 1 cm ほどの塊としてみられ（**写真 1 -22A**）、ひも状に折り畳まれた虫体の中には楕円形で長さ約 20 μm の虫卵が充満しているのが観察されます（**写真 1 -22B**）。なお、類似の寄生虫はコショウダイにもみつかっています。

マダイのゴナポダスミウス（*Gonapodasmius*）もディディモゾーン科の吸虫であり、黄褐色のひも状虫体が折り畳まれた塊としてみられます（**写真 1 -22C、D**）。体長は数十 cm から数 m に達し、その内部には長円形で長さ約 40 μm の虫卵が充満しています（**写真 1 -22E**）。このような魚は、春夏に多く、冬には減少する傾向にあると言われています[1-20]。寄生を受けたマダイは、以前、俗に「きくい（木喰）ダイ」と呼ばれており、生食を避けられる傾向にありましたが、もちろん食べても無害です。

COLUMN

天然魚に寄生虫は付きものである

天然魚のほとんどは、何らかの寄生虫を持っています。それは「寄生虫」という生物の生態を知れば明らかです。

寄生虫の多くは、一生の間に何回か宿主を変えて成長していきます。例えば、アニサキス線虫は、卵からふ化した幼虫がオキアミに食べられ、それを魚が食べ、最終的にクジラやイルカといった海産哺乳類に食べられて、その体内で卵を産むというサイクルを持っています。

天然魚は自然界に生息するプランクトンや小魚を食べながら成長していくので、「食う」、「食われる」という食物連鎖を利用して生きている寄生虫は避けられません。つまり、天然魚に寄生虫がいるのは当然のことであり、逆に、そういった自然の食物連鎖から切り離されて、人工的なエサで管理されている養殖魚には、寄生虫が少ないとも言えます。

そうはいっても、やみくもに寄生虫を毛嫌いするのは間違いです。本書でも紹介しているように、寄生虫のうち、人間に寄生するもの、有害なものはそう多くありません。特に海の寄生虫の場合、終宿主となる水生生物は、体内の生理環境（特に体温）が人間と大きく異なるので、人間が取り込んでも寄生虫の方が生きられません。

ところが、淡水の寄生虫では、犬猫や牛豚といった陸上哺乳類、どちらかというと人間に近い動物が終宿主となる場合があるので、人間にも寄生できる寄生虫がいます。一般には、淡水の魚介類は生で食べないほうが良いでしょう。また、淡水魚をさばいた後の包丁やまな板に付着している場合もありますので、調理した後はよく洗い、煮沸消毒するなどといった注意が必要です。

海の寄生虫で危険なものの代表に、海産魚のアニサキスとホタルイカの旋尾線虫がいます。それらを防ぐ有効な対策としては、冷凍または十分な加熱調理をすることに尽きます。ただ、日本人の生食嗜好を考えると、全ての食材で生食を避けるというのは、現実的ではありません。しかし、少なくとも古くから食文化として定着していない食べ方、いわゆる「踊り食い」や「ゲテモノ志向」は自粛した方が良いでしょう。

寄生虫はあくまで自然現象の一部なので、天然魚にはつきものと考えるべきです。いわゆる「虫もつかない」ような魚は、かえって不気味です。

私たちが日常で食べているものの多くは、肉にしろ、米にしろ、人間が管理して育てたもの、魚で言えば養殖物を食べているので、虫はあまりいないかもしれません。しかし、野菜については、農薬を使わないで育てた有機野菜ではときどき虫がいることもあります。それと同じように、魚は野生のものを食べる場合が多いので、寄生虫が多いと考えれば理解しやすいかもしれません。

いずれにしろ、寄生虫自体のイメージが悪く、むやみに嫌悪される傾向にあり、また正しい知識や情報が乏しいため、余計に不安がられてしまいます。そうではなく、寄生虫の中でも何が危険で何がそうでないのか、きちんとした科学的知識と対処法をもって、上手に付き合うべきだと思います。

— 第2章 —

内臓の

異物・寄生虫

粒状異物 2-1

Granular foreign bodies

頻度 ★★★

[主な症状・状態]

内臓に径が数 mm から 1～2 cm におよぶ塊が 1 個または多数みられる。

[分類・原因]

微胞子虫類、粘液胞子虫類、条虫類、吸虫類、甲殻類、原虫類

[部位]

内臓諸器官

[肉眼・検鏡観察]

粒状異物を取り出し、スライドグラスにのせて顕微鏡検査すると、各寄生虫に特徴的な形態が観察される。

[人体への影響]

無害

[対策]

健康に害はないので、除去して食する。

表2-1　魚類の内臓に粒状異物を形成する微胞子虫、条虫、吸虫、甲殻類および原虫類

種名	分類群	宿主
アユグルゲアビホウシチュウ (*Glugea plecoglossi*)	微胞子虫類	アユ、ニジマス
グルゲア・エピネフェルシス (*Glugea epinephelusis*)	微胞子虫類	キジハタ
スプラゲア・アメリカーナ (*Spraguea americana*)	微胞子虫類	キアンコウ
ズキンネンエキムシ (*Hoferellus carassii*)	粘液胞子虫類	フナ、キンギョ
フナシズクムシ (*Myxobolus wulii*)	粘液胞子虫類	フナ、キンギョ
キタウエイッキョクホウシムシ (*Thelohanellus kitauei*)	粘液胞子虫類	コイ
ミクソボルス・ナガラエンシス (*Myxobolus nagaraensis*)	粘液胞子虫類	トウヨシノボリ、カワヨシノボリ、シマヨシノボリ
マダイウチワムシ (*Henneguya pagri*)	粘液胞子虫類	マダイ
タイリクスズキウチワムシ (*Henneguya lateolabracis*)	粘液胞子虫類	タイリクスズキ
シンゾウクドア (*Kudoa shiomitsui*)	粘液胞子虫類	トラフグ、カンパチ、ヒラメ、クロマグロ、テンジクダイ
ニホンフグジュウケツキュウチュウ* (*Psettarium wakasaense*)	吸虫類	トラフグ
ヒポヘパティコーラ・カリオニミ (*Hypohepaticola callionymi*)	吸虫類	カワハギ、ハタタテヌメリ
ヒルディネラ科吸虫 (Hirudinellidae trematoda)	吸虫類（幼虫）	カンパチ、クロマグロ、カマスサワラ
ウェドゥリア・オリエンタリス (*Wedlia orientalis*)	吸虫類	クロマグロ
コエリオトレマ・シヌス (*Coeliotrema thynnus*)	吸虫類	クロマグロ
ニベリンジョウチュウ (*Nybelinia surmenicola*)	条虫類（幼虫）	スケトウダラ、スルメイカなど
タイノエ (*Ceratothoa verrucosa*)	甲殻類	マダイ
ウオノエ (*Cymothoa eremita*)	甲殻類	ヒメなどの沿岸性魚類
ソコウオノエ (*Ceratothoa oxyrrhynchaena*)	甲殻類	アカムツなどの深海魚
タナゴヤドリムシ (*Ichthyoxenus japonensis*)	甲殻類	ヤリタナゴ、フナなど
フグナガクビムシ (*Parabrachiella hugu*)	甲殻類	トラフグ
イクチオホヌス・ホーフェリ (*Ichthyophonus hoferi*)	原虫類	ニジマス、アユ、ブリ、カンパチ、イシダイ

*血管の怒張として認められる

異物はクレームになりやすい

近年、食の安全・安心に関するニュースが後を絶ちません。冷凍食品の農薬混入事件がようやくひと段落したと思えば、今度はノロウイルスの集団食中毒が続発しました。給食パンのノロウイルス汚染は、異物混入を調べるために検品する際、1枚ずつ手で確認していたときに付着した可能性が高いとも言われており、皮肉な結果と言わざるを得ません。

ただし、学校給食では、髪の毛1本はもちろん、パンの焦げ目や油かすの黒い粒が付着しているだけで保護者からクレームが付くこともあるため、異物混入に神経質になるのは仕方がないという事情もあります。しかし、健康被害がないものに対しても過剰に対応することで、かえって食品が汚染する危険性を高めてしまっているとすれば、本末転倒です。

水産食品においても、異物に対するクレームが年々増加しているように感じますが、その多くは誤って食べてしまっても人の健康には影響ありません。

微胞子虫（アユ、キジハタ、キアンコウなど）

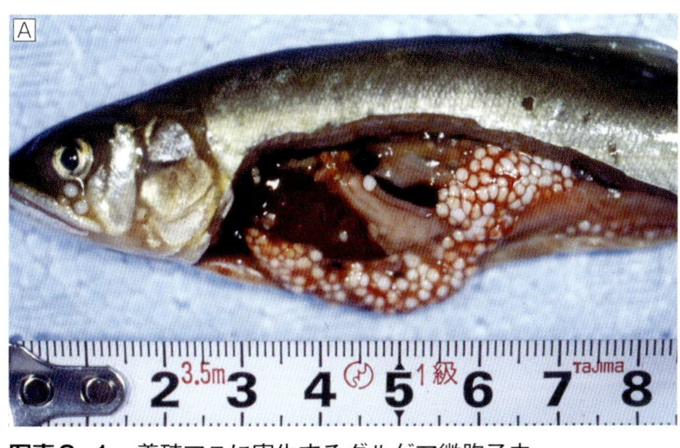

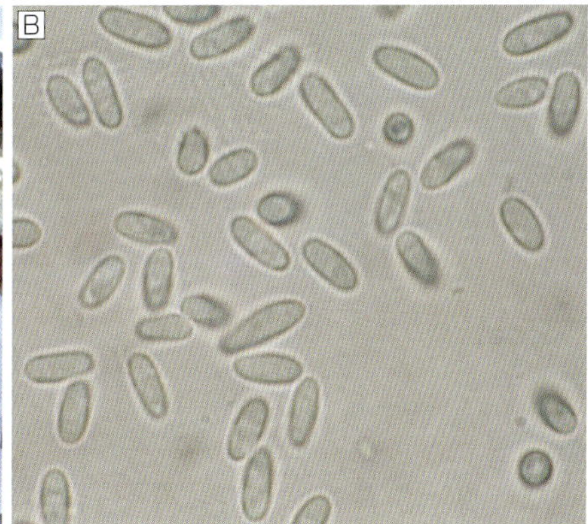

写真2-1　養殖アユに寄生するグルゲア微胞子虫
腹腔内には白色粒状シスト（写真A）が形成される。写真Bは顕微鏡観察でみられた胞子である。

微胞子虫には魚の筋肉に寄生するものだけでなく、内臓や神経系にシストを作るものも数多くあります（**表2-1**）。

養殖アユのアユグルゲアビホウシチュウ（*Glugea plecoglossi*）は、古くからよく知られています[2-1]。内臓の表面に大きさ2～3mmの白色粒状のシストが多数形成されます（**写真2-1A**）。一見するとアユの卵にもみえるため、見間違えられることもあるようです。

軽度の寄生では外観的には分かりませんが、重度に寄生すると腹腔内がシストで充満して、腹部が膨満する場合もあります。シストは微胞子虫が魚の細胞内に寄生して増殖し宿主の細胞を肥大化させたもので、つぶして顕微鏡で検査すると、楕円形で長さ6μmほどの胞子が無数に観察できます（**写真2-1B**）。

キジハタには別の種類のグルゲア（*Glugea epinephelusis*）が寄生します。腹腔内に大きさ数mmから1cmの黒い石ころのような異物としてみられます（**写真2-2A、B**）。これらはグルゲアのシストであり、宿主のメラニン沈着により黒くみえるのではないかと推測されてい

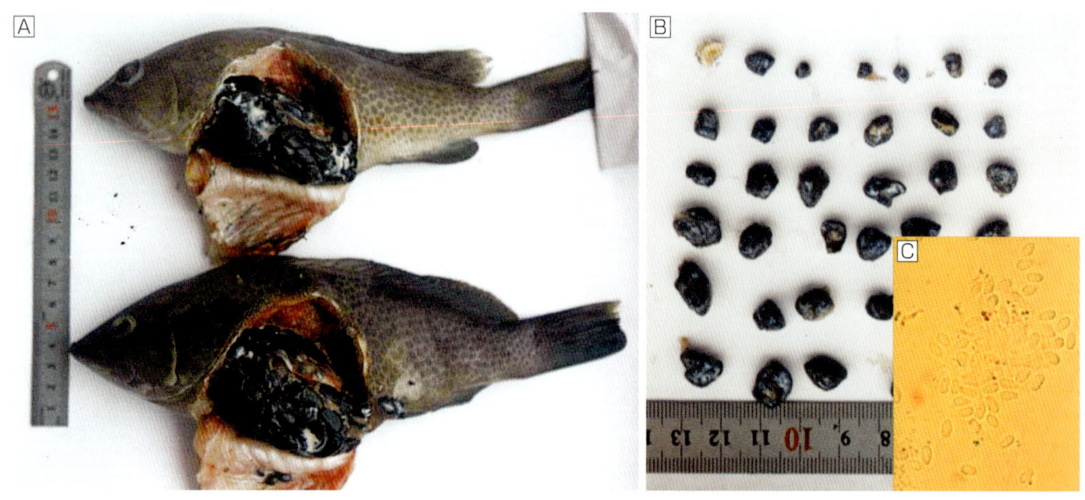

写真2-2　キジハタに寄生するグルゲア微胞子虫
腹腔内には写真A、Bのような黒いシストが形成される。写真Cは顕微鏡観察でみられる胞子である。

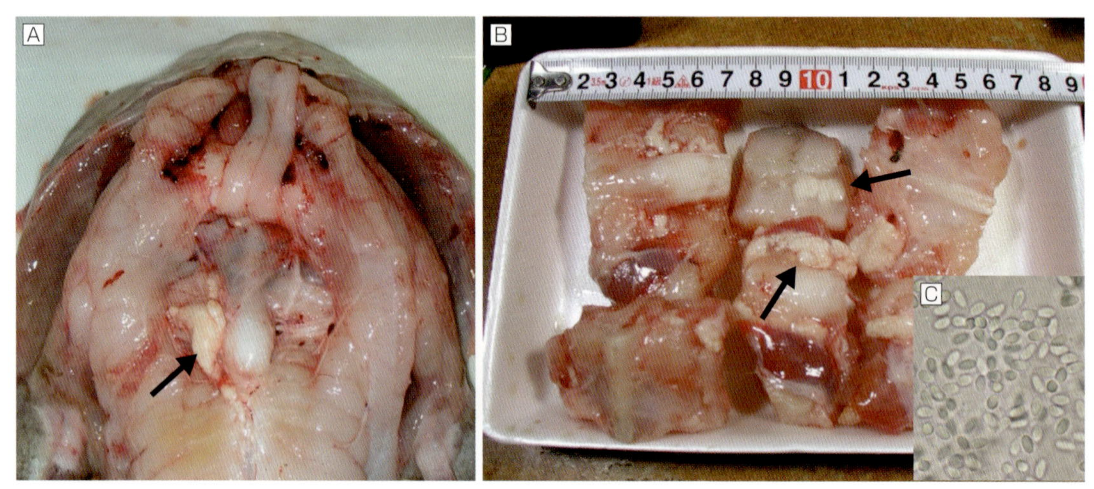

写真2-3　キアンコウの神経系に寄生するスプラゲア微胞子虫
写真A、Bのようにシスト（矢印）が形成される。顕微鏡観察では胞子（写真C）がみられる。

ます。シストの内部には長さ4～5μmの胞子が充満しています（**写真2-2C**）が、宿主反応が進行して胞子が壊れていると観察できないこともあります。中国広東省の養殖キジハタで問題になった事例がありますが[2-2]、日本に分布しているかどうかははっきりしていません。

キアンコウの神経系にブドウの房状の白い塊がしばしばみられます（**写真2-3A、B**）。これはスプラゲア（*Spraguea americana*）という微胞子虫のシストです[2-3]。脳から脊椎骨に沿って幅広く散在しており、完全に除去するのは困難です。

シストの内部に充満している胞子は卵型で、長さ3μm程度です（**写真2-3C**）。日本近海で漁獲されるキアンコウには非常に高率で寄生しており、普通にみられるものなので、魚の内臓の一部と思われているかもしれません。

先述の微胞子虫は、いずれも魚にしか寄生しない種類であり、たとえ生で食べてしまったとしても、ヒトには無害です。

粘液胞子虫（キンギョ、コイ、マダイ、スズキ、トラフグなど）

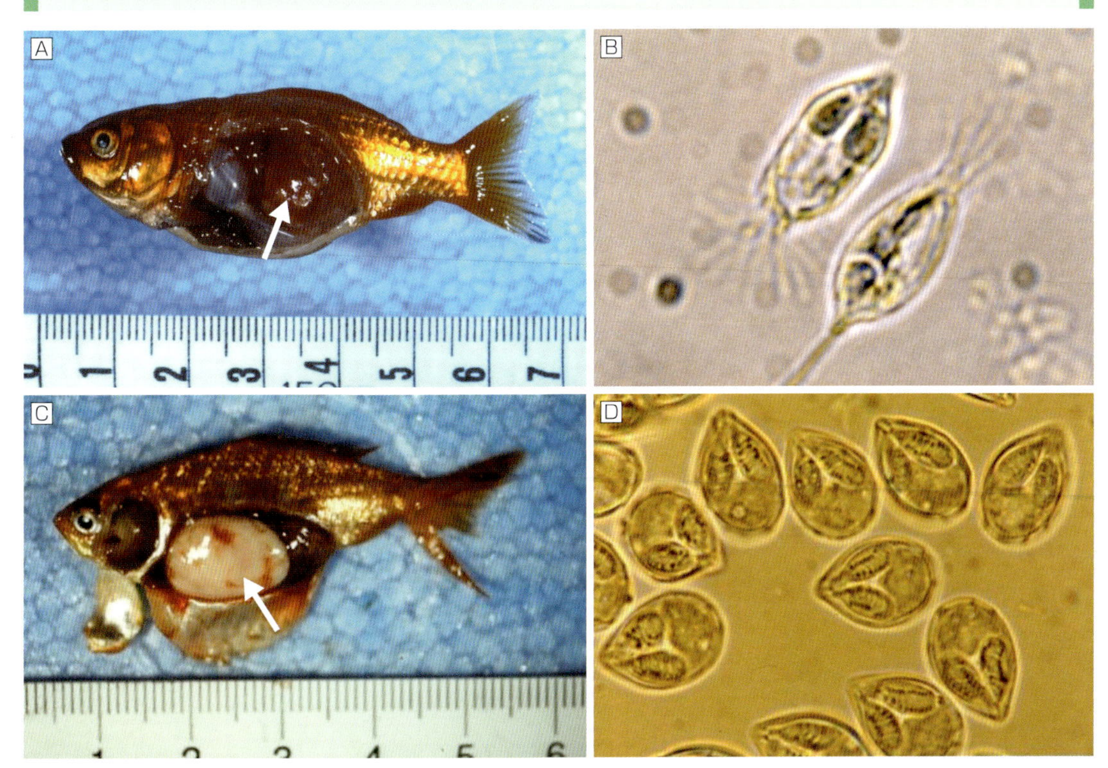

写真2-4　キンギョへの粘液胞子虫寄生
腎腫大症を呈したキンギョ（写真A）ではズキンネンエキムシの胞子（写真B）がみられる。また、肝臓が腫大したキンギョ（写真C）ではフナシズクムシの胞子（写真D）が観察される。

魚類の粘液胞子虫は、淡水魚にも海水魚にも寄生して胞子形成をします。それが「シスト」と言われる腫瘤状の構造物の中で行われると、肉眼的には米粒状の異物として認められ、問題になることがあります。それが場合によっては宿主魚を殺すこともありますが、そうでなくても、魚の商品価値を著しく低下させます。シストの形成部位は、粘液胞子虫の種類によって違いますので、ここではそれぞれの種別に説明していきます。

微胞子虫と同様に、粘液胞子虫にも内臓に寄生して異様な状態を呈する種類があります。例えば、キンギョの腎臓や肝臓が腫大して体が膨れ上がってしまう疾病は、それぞれズキンネンエキムシ（*Hoferellus carassii*）（**写真2-4A、B**）とフナシズクムシ（*Myxobolus wulii*）（**写真2-4C、D**）が原因です。

前者は腎腫大症として知られていて、直接の病害性はないものの、正常に泳げなくなって横転してしまい、衰弱の原因になります。後者は肝臓だけでなく、鰓にも寄生する場合があることが知られています。

コイの腸管に寄生して径数cmの腫瘤状シストを形成するキタウエイッキョクホウシムシ（*Thelohanellus kitauei*）は、腸管テロハネルス症の原因になります（**写真2-5**）。腸閉塞を起こしてエサを食べられなくなり、外観的にやせ細ると言われています。

ヨシノボリ類の腹腔内や尾柄部に寄生して白色シストの塊が形成されるミクソボルス・ナガ

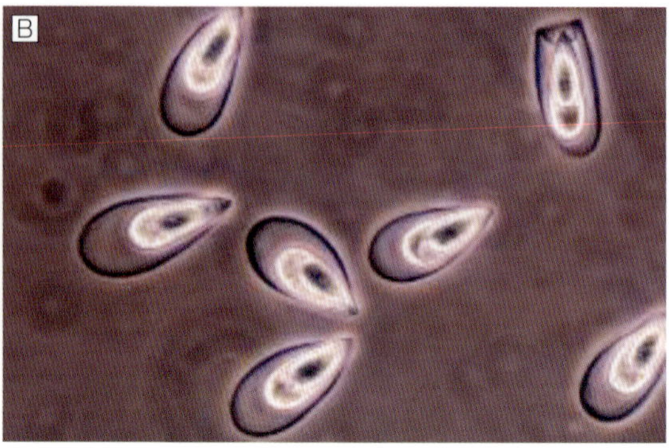

写真2-5　キタウエイッキョクホウシムシの寄生
腸管テロハネルス症を呈したコイ（写真A）では、キタウエイッキョクホウシムシの胞子（写真B）がみられる。

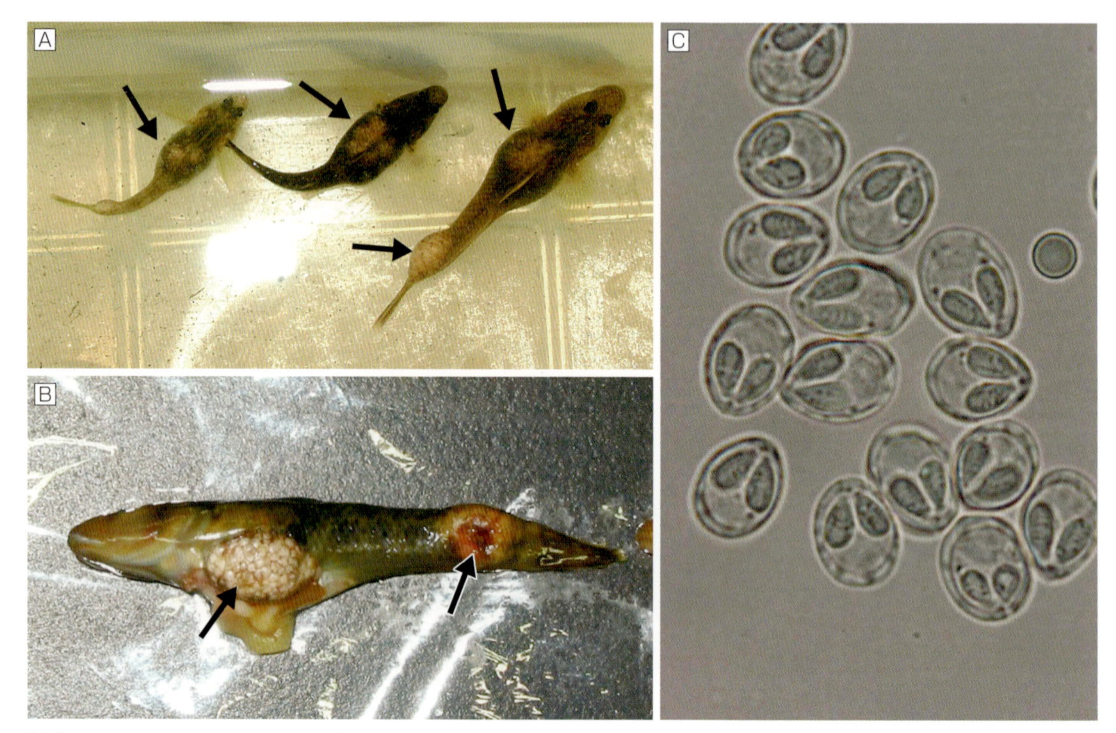

写真2-6　ミクソボルス・ナガラエンシスの寄生
トウヨシノボリに寄生し、写真Aのような外観症状を呈する。写真Bは剖検した様子。顕微鏡検査では胞子（写真C）がみられる。

ラエンシス（*Myxobolus nagaraensis*）は、外観的にも腹部膨満を呈しますが、魚への病害性ははっきりしていません（**写真2-6**）。

マダイやタイリクスズキの心臓に寄生するマダイウチワムシ（*Henneguya pagri*）（**写真2-7A、B、C**）およびタイリクスズキウチワムシ（*Henneguya lateolabracis*）（**写真2-7D、E**）は、動脈球を肥大させる心臓ヘネガヤ症を引き起こし、養殖場で死因になる場合があります。

トラフグなど各種海産魚の心臓（囲心腔）に寄生して径1 mm前後のシストを多数形成するシンゾウクドア（*Kudoa shiomitsui*）が昔から知られていますが、魚への病害性は不明です（**写真2-8**）。

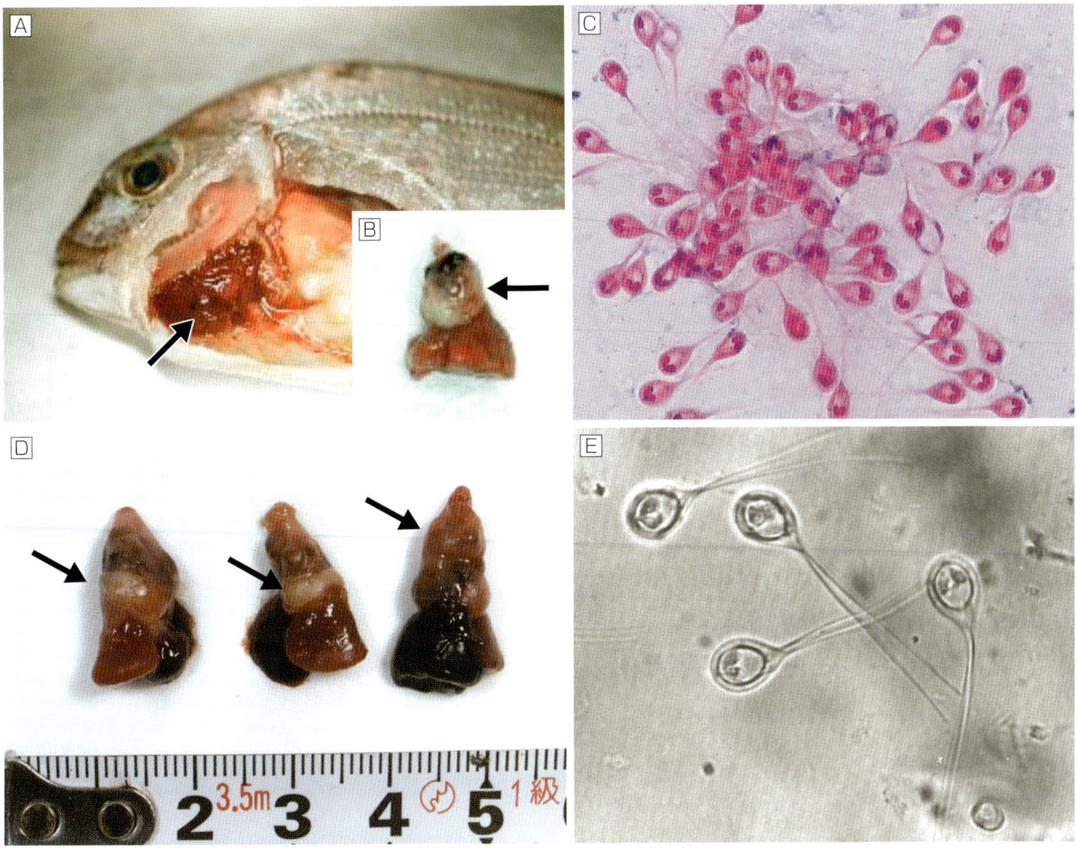

写真2-7　マダイウチワムシおよびタイリクスズキウチワムシの寄生
心臓ヘネガヤ症を呈したマダイの剖検（写真A）では、心臓の動脈球に写真Bのような肥大がみられた。写真Cはマダイウチワムシの胞子。また、動脈球が肥大したタイリクスズキの心臓（写真D）ではタイリクスズキウチワムシの胞子（写真E）が観察された。

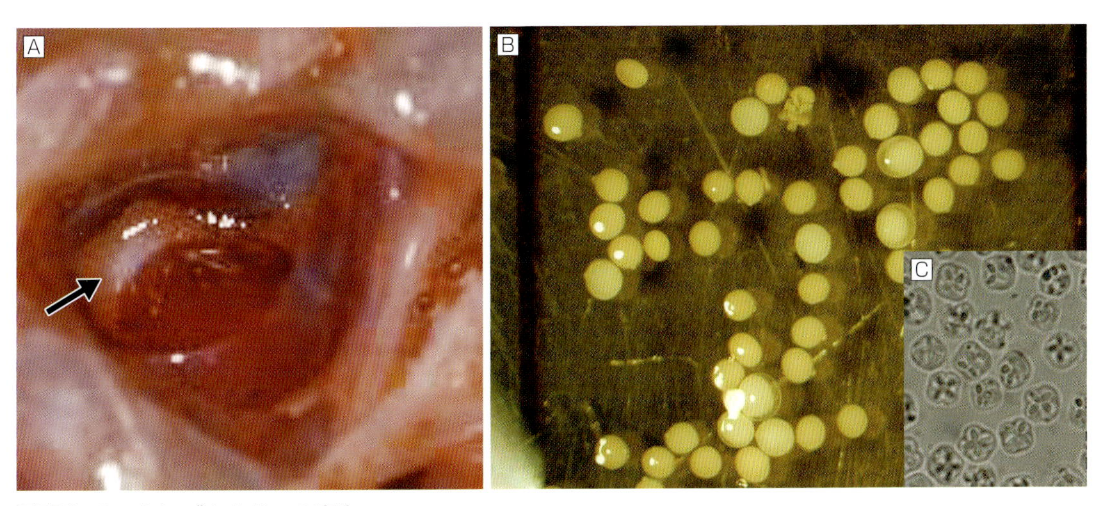

写真2-8　シンゾウクドアの寄生
寄生を受けたトラフグの心臓（写真A）には、写真Bのようなシストが形成される。顕微鏡検査では、写真Cのような胞子がみられる。

吸虫（トラフグ、カワハギ、カンパチ、クロマグロなど）

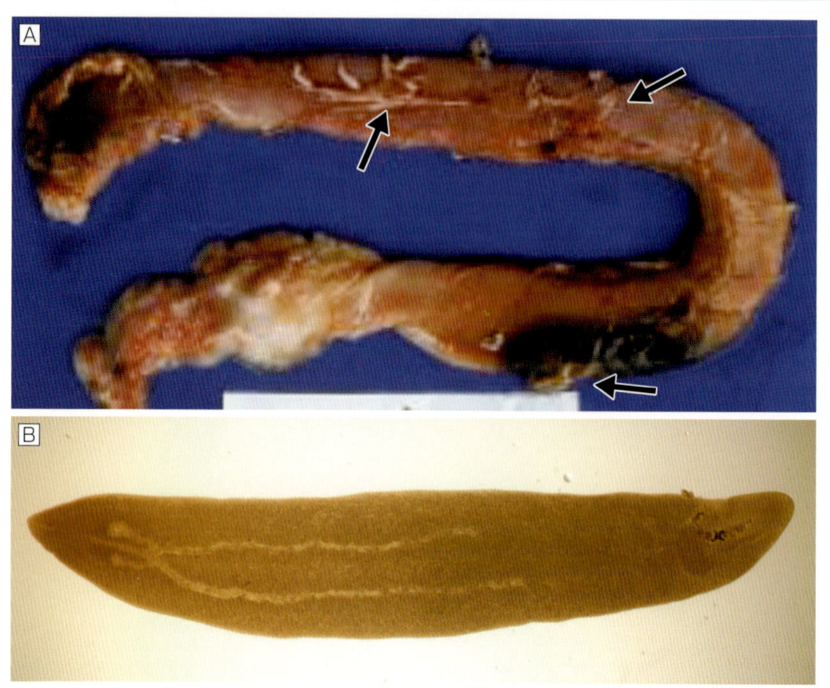

写真2-9　ニホンフグジュウケツキュウチュウの寄生
寄生を受けるとトラフグの内臓血管（写真A）が努張する。写真Bは虫体である。

吸虫類は扁形動物門、吸虫綱に属する寄生虫の総称で、口吸盤と腹吸盤および鉤（カギ）を持つことを特徴とします。魚類から陸上哺乳類まで多くの生物群を宿主とし、それらの内臓や体表で寄生生活をします。一般的に、中間宿主は巻貝（サワガニ、モクズガニなど）、環形動物（ゴカイ類）、魚類など、終宿主は魚類、鳥類、陸上哺乳動物などとされています。吸虫は終宿主の体内で成熟して成虫となり、卵を産出して、外界に排出されます。その後、卵内で、または中間宿主の体内で、ミラシジウム、スポロシスト、レジア、セルカリア、メタセルカリアと変態していき、最終的に終宿主に取り込まれて成虫となります。

このように、一生のうちに複数の動物群を宿主とする複雑な生活環を有し、なかには人間に病害性を持つもの（日本住血吸虫や横川吸虫など）もありますが、それらは非常にまれです。ここでは、水産食品として問題となる吸虫類を紹介することにします。

トラフグの内臓血管が怒張しており、血管内からニホンフグジュウケツキュウチュウ（*Psettarium wakasaense*）の吸虫が多数みられることがあります（**写真2-9**）。産出された虫卵が内臓の血管を閉塞し、血行障害を引き起こすとされています。なお、近縁種のシナフグジュウケツキュウチュウ（*Psettarium sinense*）は中国からの中間種苗として導入したトラフグにみられますが、この場合、明瞭な怒張はありません。

カワハギの肝臓表面もしくは内部に、大きさ数mmの赤黒色または褐色の紡錘形異物がみられたことがあります（**写真2-10A**）。これはヒポヘパティコーラ（*Hypohepaticola callionymi*）という吸虫です（**写真2-10B**）。カワハギの肝臓は食用として珍重されるため、寄生率が高いと問題になる可能性があります。しか

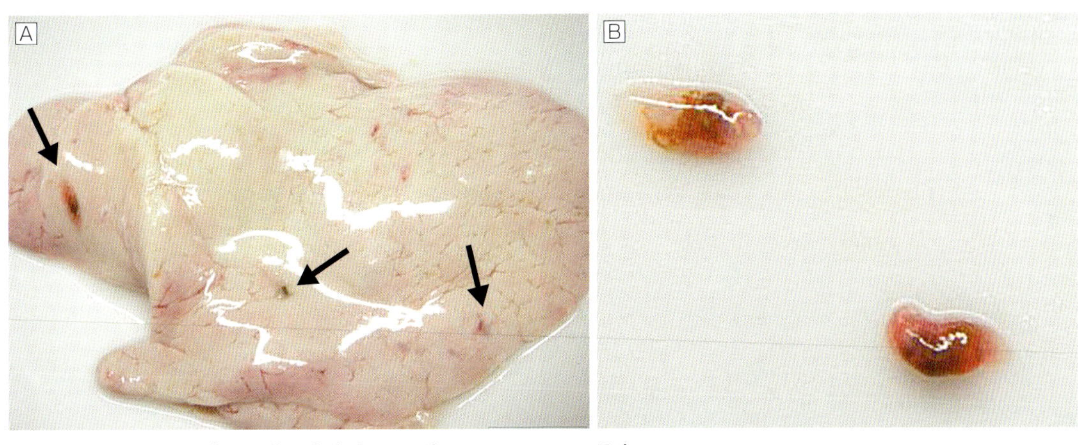

写真2-10　カワハギの肝臓に寄生するヒポヘパティコーラ吸虫
吸虫が寄生したカワハギの肝臓（写真A）からは、写真Bのような虫体が取り出される。

写真2-11　カンパチの腹腔内にみられるヒルディネラ類吸虫
黒色の異物で覆われたカンパチの腹腔内から虫体（矢印）を取り出すと、赤い吸虫がみられる。

し、カワハギにみられる虫体は成虫であることと、この仲間の吸虫は海産魚にしか寄生しないことから、食品衛生上の問題はありません。

輸入カンパチ種苗の腹腔内が黒い粘液質の異物に覆われ、内臓全体が黒くみえることがあります（**写真2-11**）[2-4]。内部にみられる赤いヒルディネラ科（Hirudinellidae）吸虫の幼虫が原因で、虫体は体長2～3cmに及びます。カンパチは本来の宿主ではないため成熟できず、腹腔内を移動したり筋肉中に侵入したりする幼虫移行症を呈し、虫が這い回っている間に排泄されるものが黒い異物として魚体内に残存します。

クロマグロの胃や幽門垂に黄色い虫体が観察されることがあります。胃の粘膜の下に黄色い

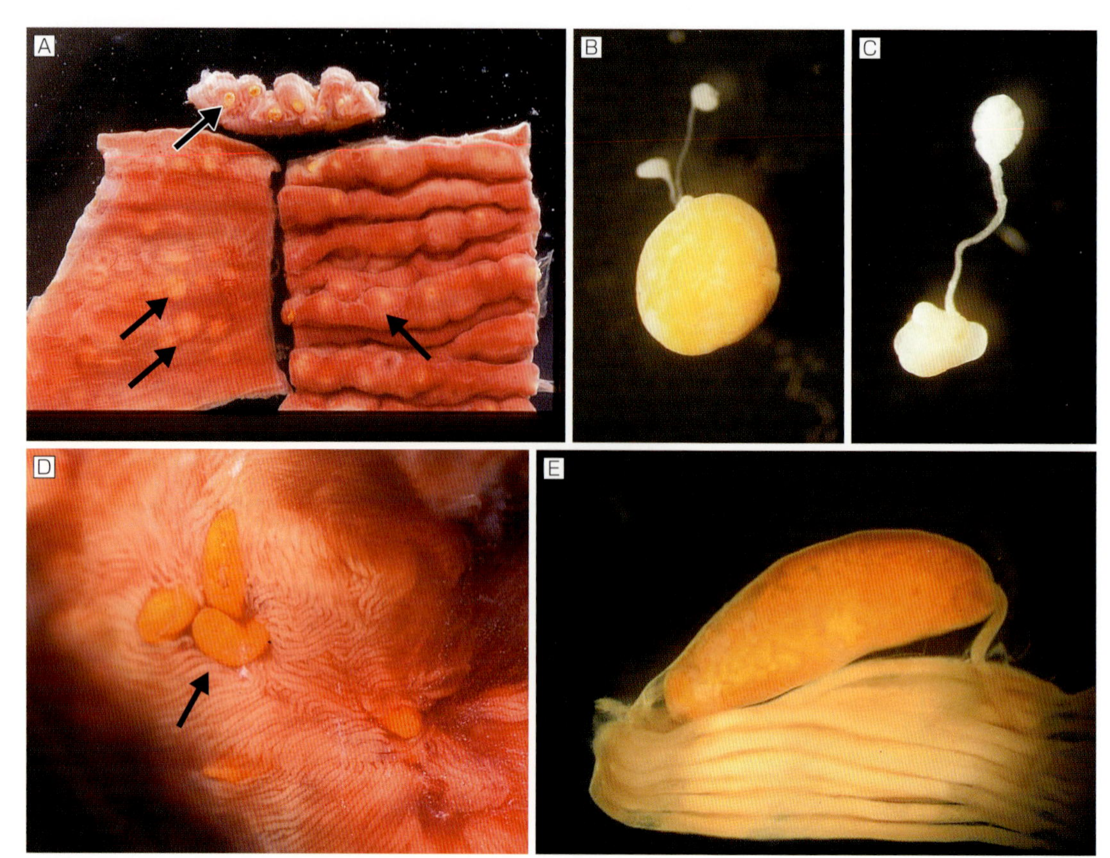

写真2-12 クロマグロの消化管に寄生するディディモゾーン科吸虫類
胃壁にみられるウェドゥリア吸虫のシスト（写真A）から取り出したメス（写真B）とオス（写真C）の虫体。幽門垂には写真D、Eのようにコエリオトレマ吸虫のシストが埋まっている。

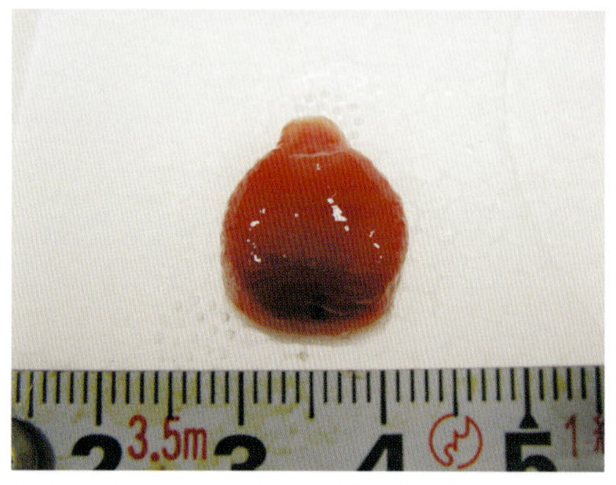

写真2-13 クロマグロの腸管内から取り出したヒルディネラ類吸虫

異物としてみられるのは、ディディモゾーン科吸虫の1種（*Wedlia orientalis*）のシストで、内部には雌雄1組の成虫が入っています（**写真2-12A**）[2-5]。雌雄とも、先端が扁平なしゃもじ状に膨らんだ細長い部分を持ち、体の後部はほぼ球形です（**写真2-12B、C**）。

クロマグロの消化管には、別のディディモゾーン科吸虫（*Coeliotrema thynnus*）が寄生します。この虫体のシストには幽門垂が1本貫通しているのが観察できます（**写真2-12D、E**）。これらディディモゾーン科吸虫は異物として目につきますが、ヒトに害はありません。

クロマグロやカマスサワラの消化管内に1cm程度の赤黒い異物がみられる場合があります。これはヒルディネラ科（Hirudinellidae）吸虫のメタセルカリア幼虫です（**写真2-13**）。本来はカマスサワラの胃内で被嚢するため、クロマグロの場合は迷入したものと考えられています。

条虫（スケトウダラ、スルメイカなど）

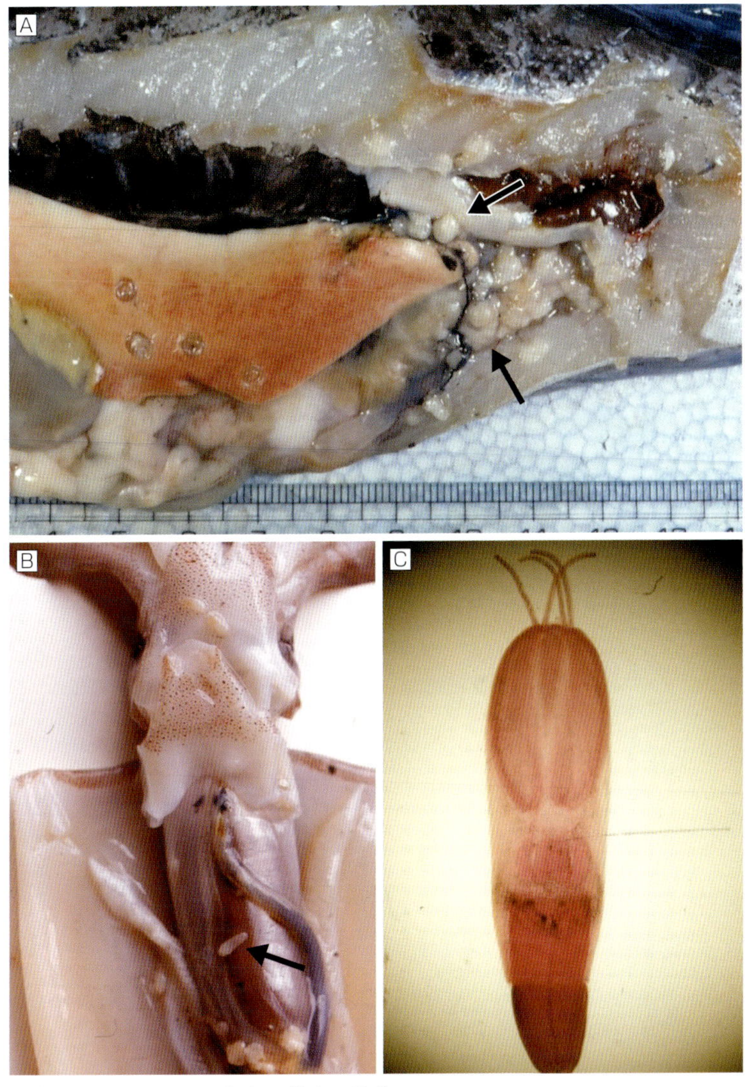

写真２-14　ニベリン条虫の幼虫の寄生
スケトウダラ（写真Ａ）やスルメイカ（写真Ｂ）に寄生する。写真Ｃは虫体である。

ニベリンジョウチュウ（*Nybelinia surmenicola*）がスケトウダラの腹腔内やスルメイカの外套膜腔内に白色米粒状の異物としてみられます（**写真２-14A、B**）。これはプレロセルコイド幼虫であり、膜に包まれて被嚢した状態です。これを取り出して膜を破ると、前端に鉤状構造を備えた吻を４本持つ、大きさ数mmの幼虫が出てきます（**写真２-14C**）。この寄生虫の生活環の中で、中間宿主はオキアミ類、終宿主はネズミザメであるため、人間に寄生することはありません[2-6]。

ただし、誤って飲み込んだとき、特に飲み込む力が弱い高齢者の場合、虫の吻が喉にひっかかる症例があるようです。しかし、ピンセットで簡単に除去できるので、あまり心配する必要はありません。

口腔内や体腔内に寄生する甲殻類（マダイ、トラフグ、ヒメ、アカムツなど）

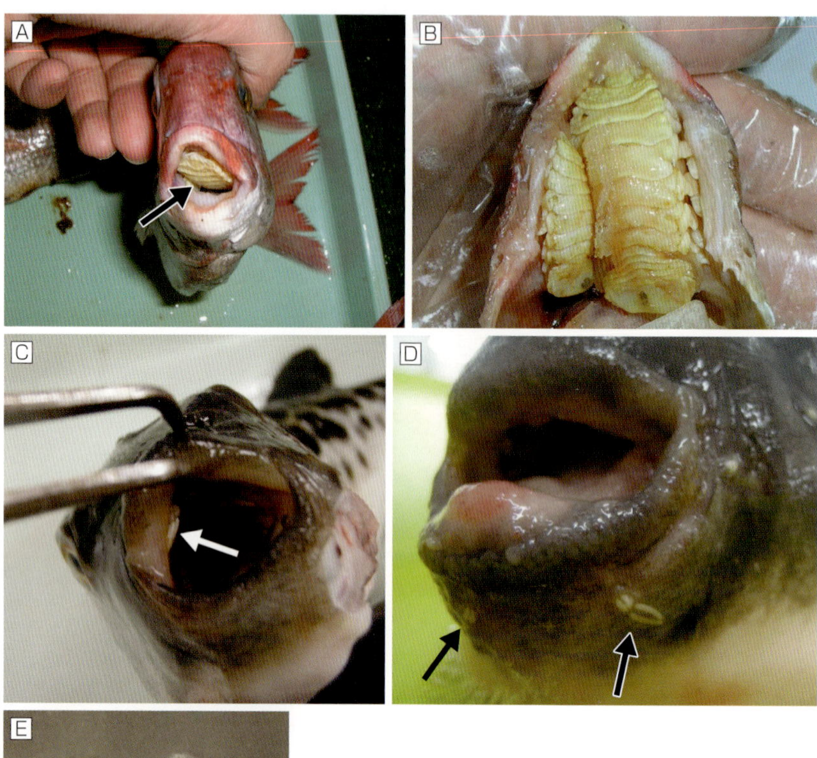

写真2-15　タイノエおよびフグナガクビムシの寄生
マダイの口腔内に寄生するタイノエ。写真Aのような顎の変形がみられる。メス（右）とオス（左）がペアになって寄生している（写真B）。トラフグの口内（写真C）および口唇部（写真D）に寄生するフグナガクビムシ（矢印）を取り出すと、写真Eのような虫体がみられる。

ウオノエ類は、主に海産魚の口の中に寄生する甲殻類です。漢字で「魚の餌」と書きますが、実際にはウオノエ類が魚から栄養をとっているので、意味は真逆です。

最も有名なものはマダイに寄生するタイノエ（*Ceratothoa verrucosa*）で、メスは3〜5cm、オスは1cm前後、常に雌雄ペアになって寄生しています（**写真2-15A、B**）。タイノエの成長に伴い、マダイの顎が骨格変形を起こして摂餌が困難になる場合があります。

タイノエのほか、ヒメなどの沿岸性魚類に寄生するウオノエ、アカムツなどの深海魚に寄生するソコウオノエなどが知られています。また、トラフグの口腔内やまれに口唇部に寄生するフグナガクビムシ（*Parabrachiella hugu*）（**写真2-15C、D、E**）や、フナやヤリタナゴなどの淡水魚の体腔内に寄生するタナゴヤドリムシ（*Ichthyoxenus japonensis*）などもあります。なお、いずれも人間には寄生しないので、食品衛生上の問題はありません。

イクチオホヌス症（ニジマス、ブリなど）

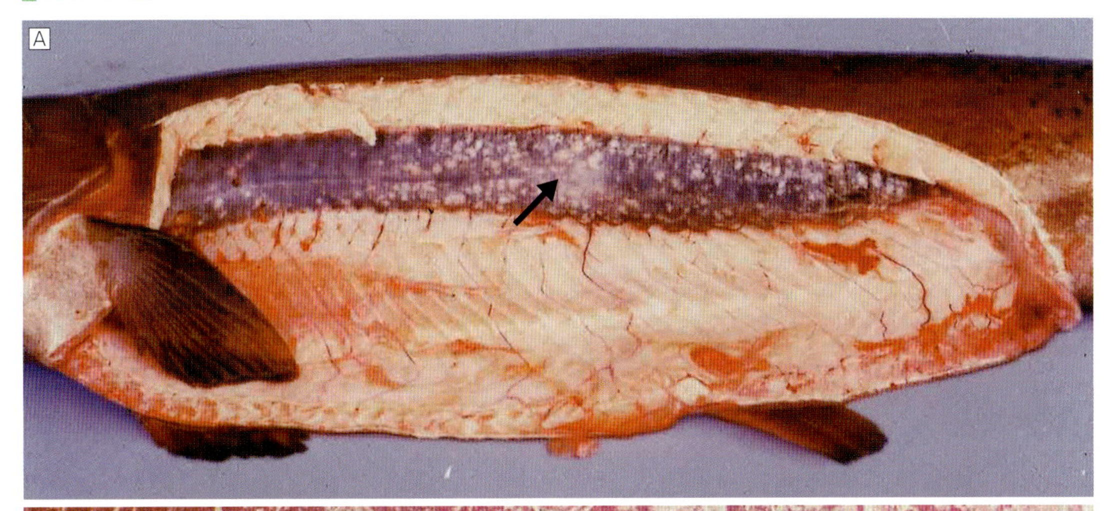

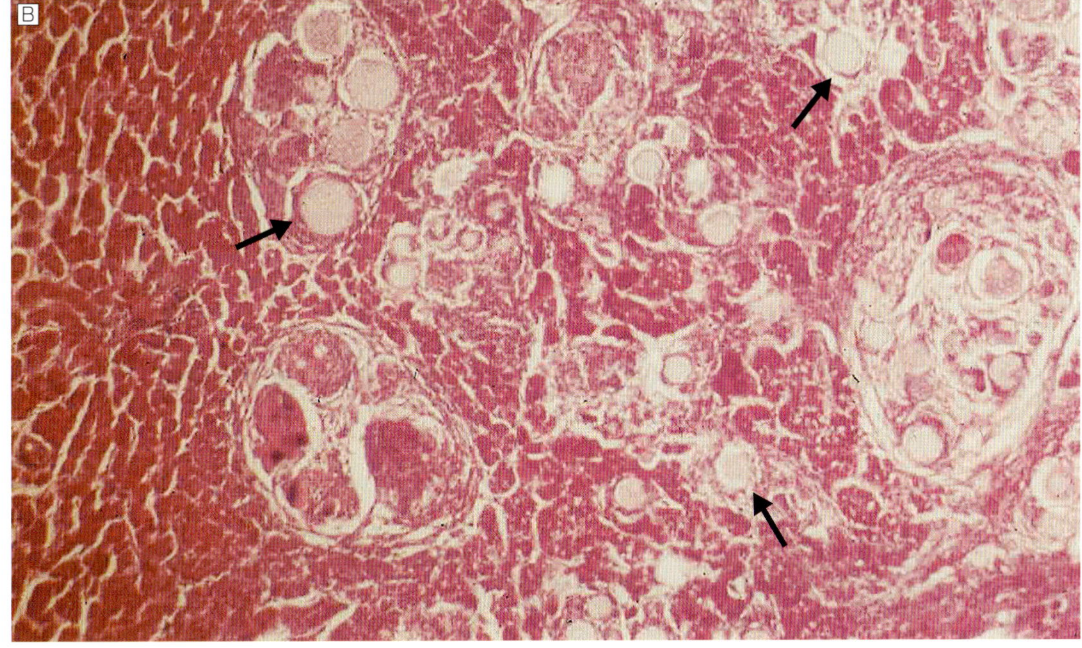

写真2-16　イクチオホヌス症
本症の罹患魚の腎臓には結節（写真A）が多数みられたほか、肝臓組織内には多核球状体（写真B）が観察された。

イクチオホヌス症は、外観的にニジマスやブリなどが体色黒化、腹部膨満、眼球突出を呈し、解剖すると腎臓などの内臓諸器官に白色粒状の結節がみられる疾病です（**写真2-16A**）。

原因生物はイクチオホヌス・ホーフェリ（*Ichthyophonus hoferi*）（**写真2-16B**）で、以前は真菌類に分類されていましたが、現在では原虫類の1つとして扱われています。結節を取り出して顕微鏡検査すると、径20～125 μmの多核球状体が観察されます（**写真2-16B**）。この多核球状体を保有しているニシンなどを生で捕食することで感染するとされています。

細長い虫 2-2

Long and narrow worms

頻度 ★★★

［主な症状・状態］

内臓に長さ数 mm から数 cm におよぶ細長い虫が 1 個体または複数個体みられる。

［分類・原因］

線虫類、条虫類、吸虫類、鉤頭虫類および類線形動物

［部位］

内臓諸器官

［肉眼・検鏡観察］

虫体を取り出し、スライドグラスにのせて顕微鏡検査すると、各寄生虫に特徴的な形態が観察される。

［人体への影響］

無害

［対策］

健康に害はないので、除去して食する。

魚の体内で成熟する寄生虫はヒトには無害

第 1 章の「魚肉の細長い虫」でも述べたように、魚類を終宿主とする寄生虫は産卵後、死ぬのを待つのみなので、人体に寄生する種類はありません。しかし、みた目の悪さから、商品価値を落とすという意味で問題になります。ここではそれらを寄生虫別に説明します。

表2-2 魚類の内臓に寄生する線虫、条虫、吸虫、鉤頭虫、類線形動物

種名	分類群	宿主
トガリウナギウキブクロセンチュウ（*Anguillicola crassus*）	線虫類	ニホンウナギ、ヨーロッパウナギ
イサキイトセンチュウ（*Philometra isaki*）	線虫類	イサキ
スズキイトセンチュウ（*Philometra lateolabracis*）	線虫類	スズキ
マダイイトセンチュウ（*Philometra madai*）	線虫類	マダイ
イトセンチュウ類の 1 種（*Philometra nemipteri*）	線虫類	イトヨリ
カネヒラキュウトウジョウチュウ（*Schyzocotyle acheilognathi*）	条虫類	コイなど淡水魚
吸頭条虫類の 1 種（*Bothriocephalus scorpii*）	条虫類	タラ類など海産魚
ウドンムシ（*Ligula interrupta*）	条虫類	コイ、フナ、ウグイなどコイ科魚類
アユハイトウジョウチュウ（*Proteocephalus plecoglossi*）	条虫類	アユ
ショウコウトウチュウ（*Acanthocephalus minor*）	鉤頭虫類	ニジマス、ヤマメ
クビナガコウトウチュウ（*Longicollum pagrosomi*）	鉤頭虫類	マダイ、トラフグ
ラジノリンカス・セルキルキ（*Rhadinorhynchus selkirki*）	鉤頭虫類	サンマ
ハリガネムシの 1 種（Nematomorpha）	類線形動物	アマゴ

生殖腺線虫（スズキ、イトヨリなど）

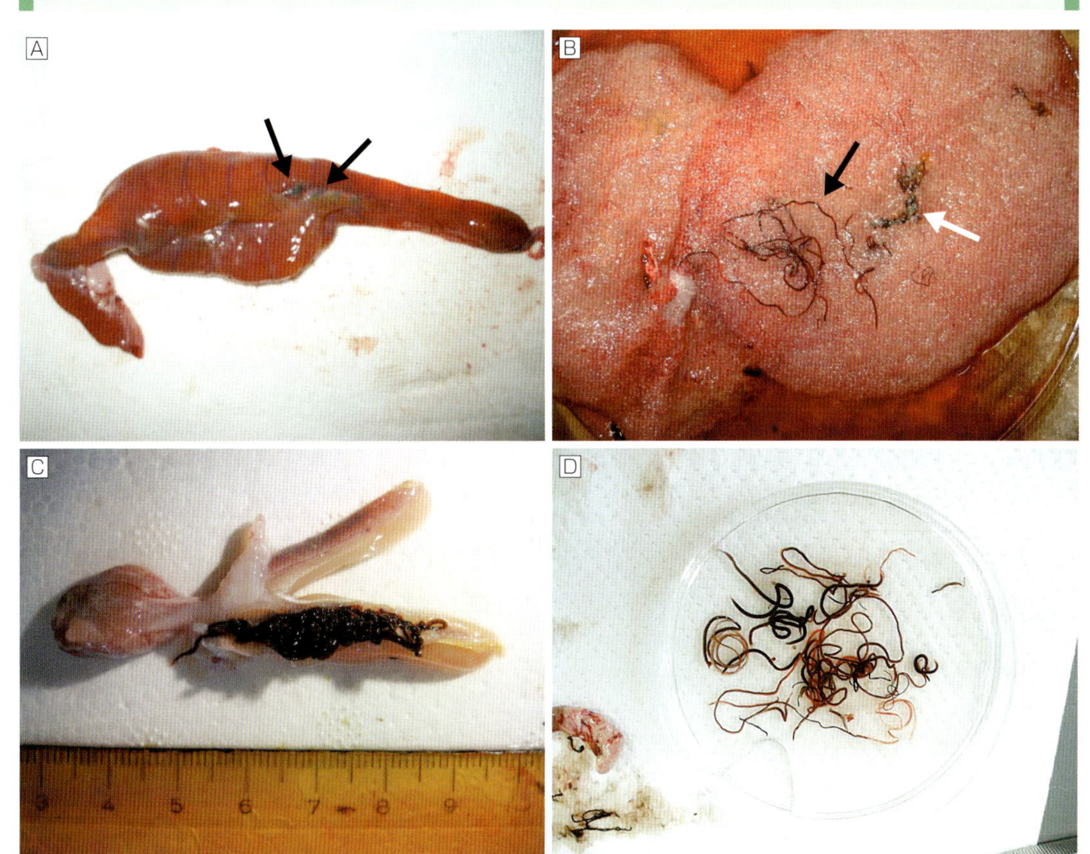

写真２-17　生殖腺線虫の寄生
スズキの卵巣に寄生しているスズキイトセンチュウ（写真 A、B）とイトヨリの生殖腺に寄生しているイトセンチュウ（写真 C、D）がみられる。

スズキ、マダイ、イサキの生殖腺に、それぞれスズキイトセンチュウ（*Philometra lateolabracis*）（**写真２-17A、B**）、マダイイトセンチュウ（*Philometra madai*）、イサキイトセンチュウ（*Philometra isaki*）が、イトヨリの生殖腺にイトセンチュウ類の１種（*Philometra nemipteri*）（**写真２-17C、D**）がみられることがあります。

生殖腺に赤紫色の線虫が複雑に入り組んで寄生しており、１虫体または複数の虫体が絡まり合ってモズク状にみえます。これらは全てメス成虫であり、スズキイトセンチュウの長さは 20 cm 以上に達します。それに対して、オスは数 mm 程度にしか成長せず、ほとんど目に付きません。「オスというのはなんと哀れな存在か…」と思われるかもしれませんが、実はオスが分類学上では重要で、オスがみつかっていないケースでは分類ができないのです。

例えば、かつて養殖マダイで報告されたイトセンチュウ（*Philometra* sp. などと記載されていた）[2-7]はオスが未発見なので、天然マダイで記載されたマダイイトセンチュウと同種かどうかは、厳密には不明です。そこで養殖マダイからイトセンチュウのオスをみつけ出したいところなのですが、近年ではイトセンチュウの寄生例そのものが減っているようです。

マダイイトセンチュウは、魚に侵入してから成熟するまでに2年かかるとされています。ところが、最近の養殖マダイは成長が早く、2年以内に出荷されるため、発生が減少しているのではないかという見方もあります。

イトセンチュウ類の生活環については、おそらく中間宿主の小型甲殻類を捕食することで侵入し、消化管内から生殖巣へ移動して、成熟、産卵するのだろうと考えられています。春から夏にかけて仔虫を産んだ後、宿主反応が顕著になって成虫は死滅し、7月ごろには生殖腺内で死骸として残存します。

鰾線虫（ヨーロッパウナギなど）

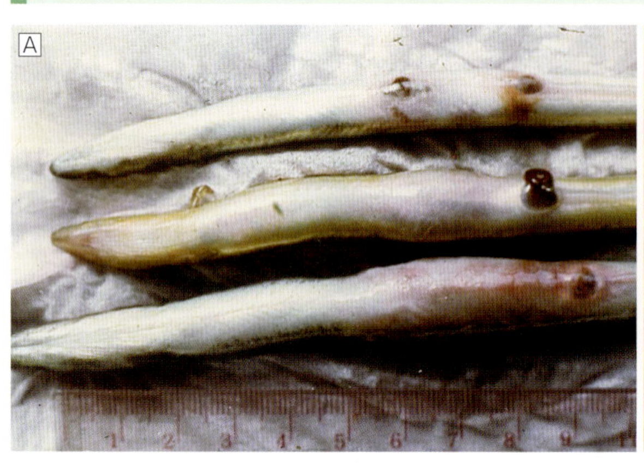

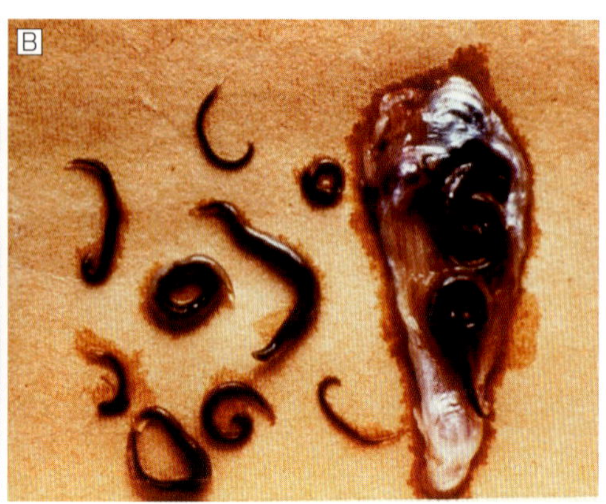

写真2-18 鰾線虫の寄生
腸炎を呈して腹部が膨れ上がったヨーロッパウナギ（写真A）では、鰾にトガリウキブクロセンチュウ（写真B）がみられる。

ウナギの鰾にトガリウキブクロセンチュウ（*Anguillicola crassus*）の寄生が報告されています[2-8]。ニホンウナギではほとんど問題になりませんが、1970年代にヨーロッパウナギを輸入して養殖した際、大量寄生がみられました。

この虫はもともとヨーロッパに存在しない寄生虫であったため、ヨーロッパウナギに対する感受性が高く（寄生虫にかかりやすい）、病気として顕在化したと考えられています。鰾内に充満した虫体により鰾が膨張するだけでなく、炎症反応で腹部が膨れ上がります（**写真2-18**）。

虫体の体長は2～7cmほどで、吸血性のため茶褐色にみえます。メス成虫がウナギの鰾内で産卵・産仔し、気道と消化管を経て水中に放出され、ミジンコ類などの中間宿主に捕食されることで生活環が完結します。

現時点で、日本ではヨーロッパウナギの養殖は行われていないので問題は起きていません。しかし、ニホンウナギが絶滅危惧種に指定される中、また海外のウナギを安易に移植しようという人間が出てこないとも限らず、過去の教訓として知っておくべき事例です。

リグラ条虫（コイ科魚類など）

A

写真2-19　ウドンムシの寄生
写真Ａのように、ウドンムシが寄生したエゾウグイからは写真Ｂのようなウドンムシの虫体がみられる。

主にコイ科魚類の内臓に寄生するリグラ条虫は、和名が「ウドンムシ」と呼ばれるように、細長くてまさに「うどん」のようにみえます（**写真2-19**）。虫体は幅が1.5 cm、長さが最大で1 m 以上に達します。

魚類に寄生するのはプレロセルコイド幼生であり、頭部も体節構造もまだみられません。第1中間宿主はカイアシ類、第2中間宿主は魚類、終宿主は数種の魚食性鳥類であり、鳥の消化管内で成虫となって産卵します。魚の生殖巣の発達が阻害され、宿主魚に寄生去勢を起こす場合もありますが、人間が食べても寄生はしません。

条虫類（タラ、アユ、コイなど）

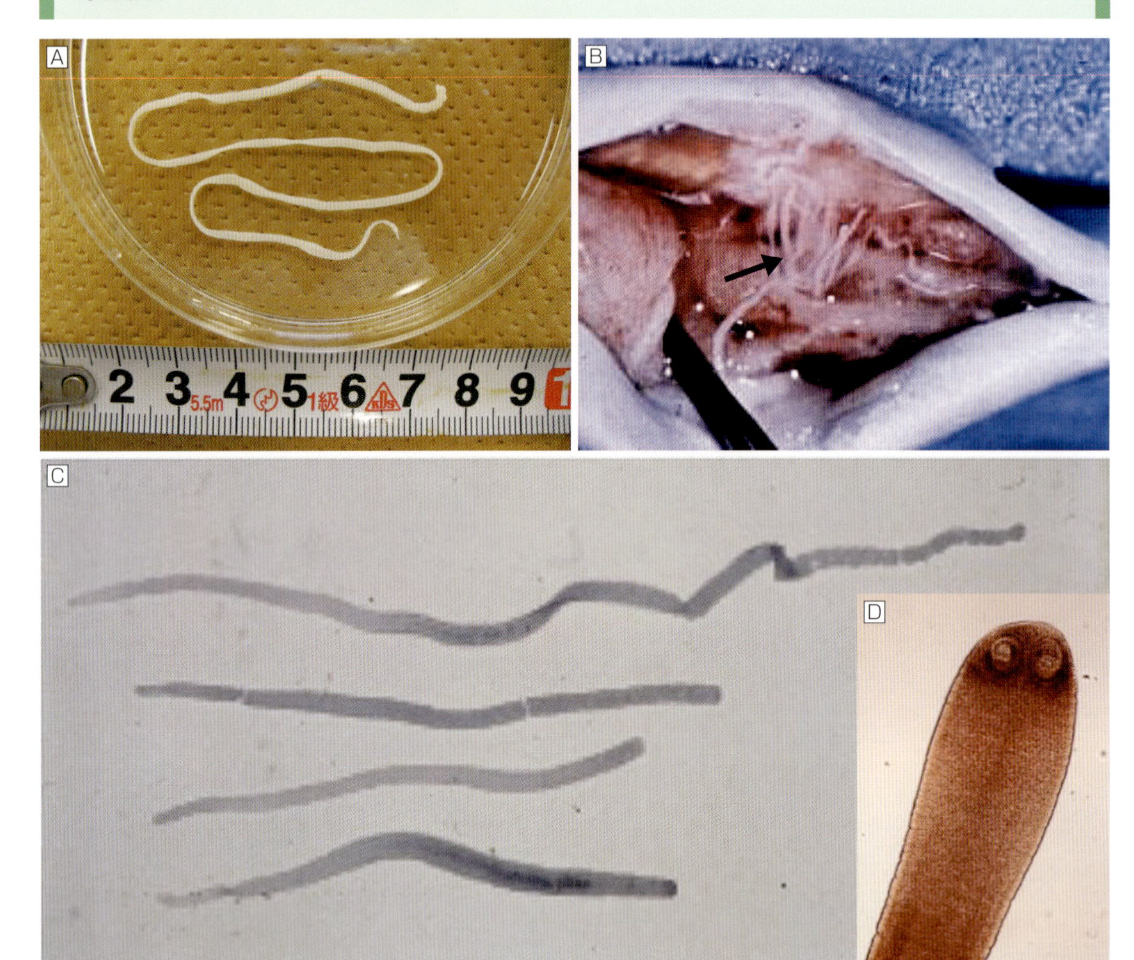

写真２-20　吸頭条虫類の寄生
写真Ａはタラ類に寄生する吸頭条虫、写真Ｂ～Ｄはアユの内臓に寄生するアユハイトウジョウチュウである。

条虫類は扁形動物門、条虫綱に属する寄生虫の総称で、固着器を持つ頭節と、それに続く多数の片節から成ります。体節が連なって紐状となり、真田紐に似ていることから、「サナダムシ」と呼ばれます。魚類に寄生するものとしては、吸頭条虫類や杯頭条虫類などがあります。

吸頭条虫類（*Bothriocephalus* spp.,*Schyzocotyle* spp.）の成虫は淡水魚にも海水魚にも寄生します。コイなどの淡水魚に寄生するカネヒラキュウトウジョウチュウ（*S.acheilognathi*）やタラ類に寄生する吸頭条虫（*B. scorpii*）は、いずれも内臓に白いひも状の虫体としてみられます（**写真２-20A**）。

アユの内臓に寄生して体長５mm程度の白い小型の糸状虫体としてみられるのは、アユハイトウジョウチュウ（*Proteocephalus plecoglossi*）です（**写真２-20B、C**）。中間宿主となるケンミジンコを捕食することで感染し、アユの稚魚が大量寄生を受けると死亡の原因になります。頭節の側面に４個、頭頂部に１個の吸盤を持つことで、杯頭条虫類と確認できます（**写真２-20D**）。

鉤頭虫類（マダイ、サンマ、ニジマス、ヤマメなど）

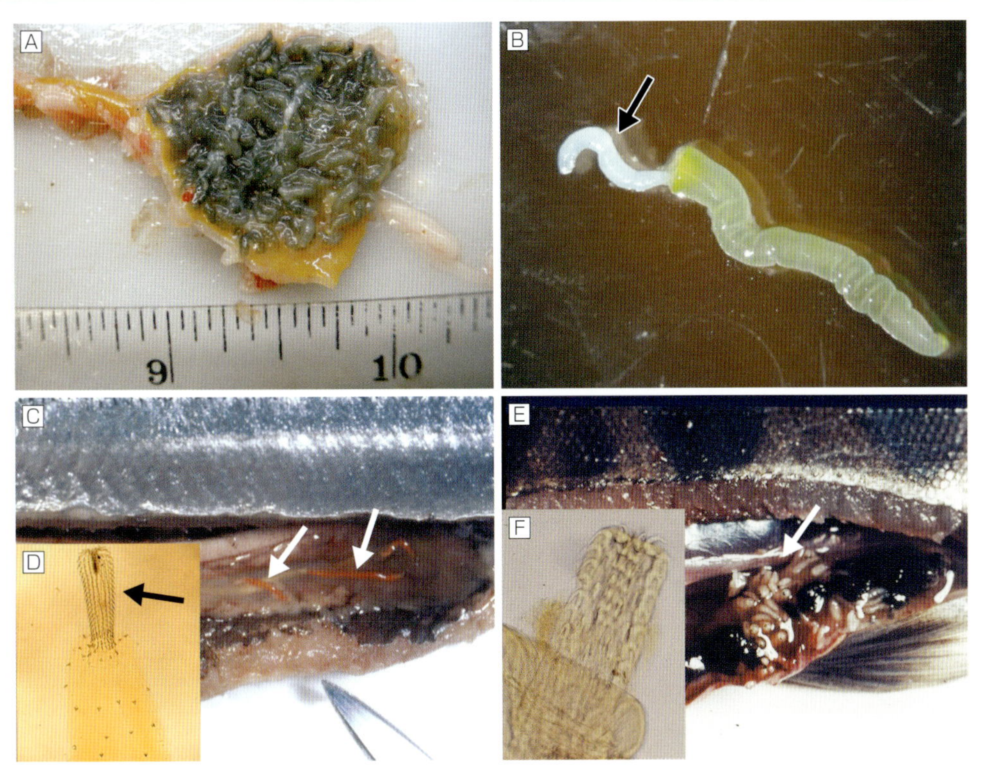

写真２-21　鉤頭虫類の寄生
寄生を受けたマダイの腸管にはクビナガコウトウチュウの塊（写真 A）や虫体（写真 B）がみられる。矢印は吻部を示す。サンマの内臓ではラジノリンカス（写真 C）の寄生があり、写真 D のような虫体が観察される。なお、矢印は吻部に備えた多数の鉤を示す。写真 E、F はヤマメの内臓にみられるショウコウトウチュウと虫体吻部の拡大写真である。

鉤頭虫類は鉤（カギ）の密生した吻を魚の消化管に打ち込んで寄生しています[2-9]。

マダイの直腸に寄生するクビナガコウトウチュウ（*Longicollum pagrosomi*）は、長さ２cm 弱の細長い虫としてみられ、重篤に寄生した魚では脱腸、腹部膨満といった症状を呈する場合もあります（**図２-21A、B**）。中間宿主はワレカラ類であり、マダイに寄生しているのは成虫であるため、人間に寄生することはありません。

サンマの内臓に寄生するラジノリンカス・セルキルキ（*Rhadinorhynchus selkirki*）は、オレンジ色で長さ１～２cm の細長い糸状の虫としてみられます（**図２-21C、D**）。ラジノリンカスの寄生率は非常に高いので、多くの人は気付かずに口にしてしまっているかもしれません。しかし、通常であればサンマは焼いて食べるので、その時点でラジノリンカスも死んでいます。また、たとえ生で食べてしまったとしても、人間には寄生しません。

ニジマスやヤマメなどのサケ科魚類の直腸に寄生するものは、ショウコウトウチュウ（*Acanthocephalus minor*）であり、数 mm から２cm 程度の細長い虫として観察されます（**図２-21E、F**）。中間宿主となる等脚類のミズムシを捕食することで寄生するため、養殖場では残餌や排泄物を除去してミズムシの繁殖を抑えることにより、予防できます。

ハリガネムシ（アマゴなど）

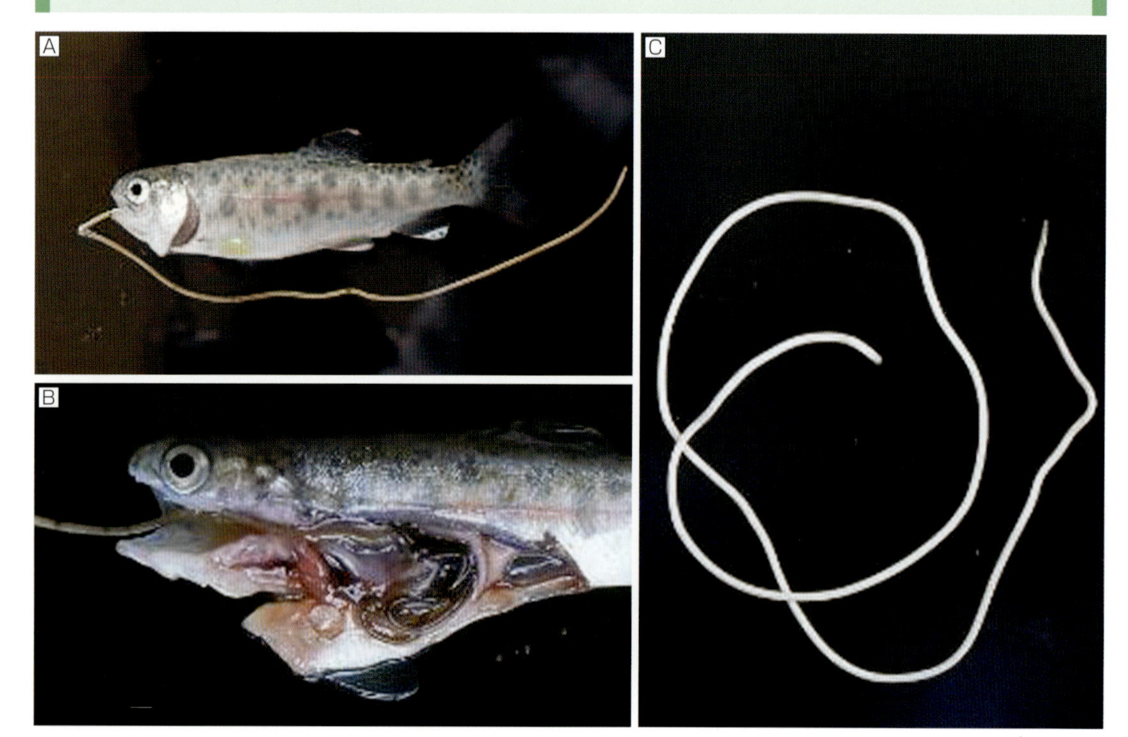

写真２-22　アマゴに寄生するハリガネムシ
写真Ａは外観所見、写真Ｂは解剖所見であり、写真Ｃのような虫体がみられる。

養殖アマゴに発見されたハリガネムシは、類線形動物の１種です（**写真２-22**）。カマキリなどの昆虫類に寄生して成虫になるとそれらを川辺に誘導し、体を食い破って脱出して水中生活に戻るというショッキングな映像をみたことがある方もいるかもしれません。

なお、ヒトの爪の間から体内に潜り込んで寄生するといううわさもありましたが、これは全くの俗説であり、人間には寄生しないので食品衛生上の問題はありません。

写真２-22A のように、アマゴの口から飛び出すことで認識され、解剖すると口から肛門に至る消化管内で幾重にも折り重なって寄生しているのが分かります（**写真２-22B**）。魚体外に取り出すと、直径が約１mm、全長が約30cmの細長い虫体であり（**写真２-22C**）、動きは伸縮性に乏しく、針金を曲げるようにゆっくりと動くのが特徴です。

みつけたら取り除くしかない

本稿であげた寄生虫は、人体に悪影響を及ぼすことはなくても、食品として商品価値を落とすという意味では、水産物流通および販売の現場で問題になります。いずれも中間宿主を経口的に取り込むことで寄生するので、エサを管理している養殖魚に発生することはまれであり、主に天然魚の問題と言えます。

魚の外観からは寄生が判別できないため、さばいて初めて気づくことになります。みつけ次第、除去するしかありません。

— 第3章 —

外観の

異常・寄生虫

骨格の異常 3-1

Skeletal abnormality

頻度 ★★

[主な症状・状態]

背骨が上（背側）からみて左右に、または横からみて上下に曲がる。規則的に（S字状に）湾曲する場合と、不規則に曲がる場合とがある。また、脊椎骨に付属する棘に膨隆が形成される。

[分類・原因]

粘液胞子虫や吸虫のシストが脳に寄生して物理的に神経系を圧迫することで、体側筋肉の活動異常を引き起こした結果、脊椎骨が曲がる。また、骨に形成された腫瘍により膨隆ができる。

[部位]

脳や骨組織

[肉眼・検鏡観察]

頭蓋骨を切り開いて脳に寄生する虫体を取り出し、スライドグラスにのせて顕微鏡検査する。

[人体への影響]

無害

[対策]

健康に害はないが、み た目が悪くて食べる気にならなければ廃棄するしかない。

脳寄生を原因とする魚の形態異常

魚の形態異常は昔からよく知られており、いわゆる公害の象徴として扱われたこともありました。1980年代、養殖ブリの「骨曲がり」がマスコミに取り上げられて社会問題に発展し、養殖魚全体のイメージダウンを引き起こしたことは、ある年代の方はみなさんご存じかと思います。

魚の奇形や変形は、それらがみられるたびに環境汚染との関連が疑われ、濡れ衣を着せられてきました。ここでは、魚の外観に異常をもたらす寄生虫や腫瘍（**表3-1**）についてまとめます。

表3-1　魚類の骨格異常をもたらす寄生虫やその他の原因

種名	分類群	宿主
マハゼシズクムシ（*Myxobolus acanthogobii*）	粘液胞子虫類	ブリ、マサバ、ホウボウ、ムツ、キタマクラ、マハゼ
ミクソボルス・スピナカルヴァチュラ（*Myxobolus spinacurvatura*）	粘液胞子虫類	ボラ
ノウクドア（*Kudoa yasunagai*）	粘液胞子虫類	ブリ、マダイ、トラフグ、ヒラメ、スズキ、イシダイ、クロマグロ、ゴンズイ
アカンソコルパ科吸虫（Acanthocolpidae trematode）	吸虫類	イサキ
骨腫（Osteoma）	腫瘍（良性）	マダイ、タチウオ

骨格の異常（ブリ、マサバ、スズキ、マダイなど）

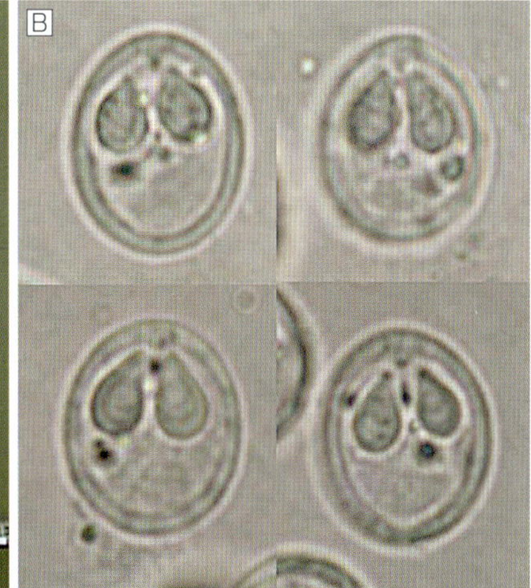

写真3-1　海産魚の脊椎湾曲症
写真Ａはブリの粘液胞子虫性側湾症、写真Ｂはマハゼシズクムシの胞子、写真Ｃはマサバの脊椎湾曲症である。写真Ｄ、Ｅはそれぞれスズキの吸虫性側湾症と吸虫のシストを示す。

魚の形態異常にはいろいろなタイプがあり、原因もさまざまです。まず、「奇形」という言葉にはどこか不気味なニュアンスを感じますが、奇形と変形は根本的に異なるので、使い分けなければなりません。奇形は遺伝的、先天的な異常によるものであるのに対し、変形は後天的な異常によって生じます。

冒頭で述べた養殖ブリの「骨曲がり」（学術的には、背側からみて左右に曲がる「側湾症」を指す）（**写真3-1A**）は後天性のもののため、変形であると言えます。しかしその原因については、激しい議論がありました。

問題になった当時は、漁網防汚剤として使用されていた有機スズや細菌感染症に対して投与された抗生物質などの影響が疑われましたが、その後、粘液胞子虫の１種、マハゼシズクムシ（*Myxobolus acanthogobii*＝*Myxobolus buri*）の脳寄生が原因であることが証明されました（**写真3-1B**）。第４脳室内に形成されたマハゼシズクムシのシストが物理的に神経系を圧迫することで、体側筋肉の活動異常を引き起こした結果、骨が曲がるとされています[3-1]。

また、この寄生虫がマサバの脳に寄生すると、横からみて上下に曲がる背腹湾を呈しますが（**写真3-1C**）、マハゼでは症状はみられません。このように、魚種によって症状が異なる

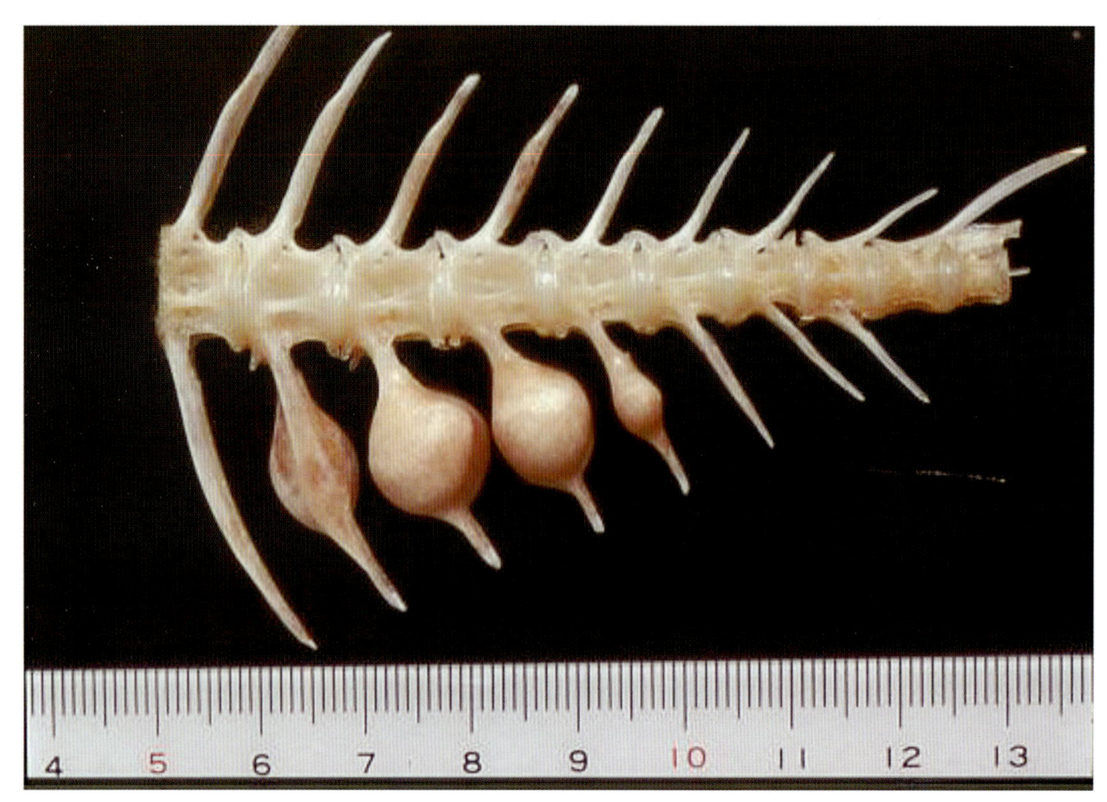

写真3-2 血管棘の中央部に骨腫が形成されたマダイの骨

理由は解明されていないのが現状です。

なお、この粘液胞子虫が脳に寄生している変形魚の肉を食べても、ヒトの健康への影響は全くありません。

そのほか、スズキの脳に吸虫が寄生して側湾症を呈した事例があります（**写真3-1D**）[3-2]。これはアカンソコルパ科吸虫のメタセルカリア（被嚢幼虫）の球形シスト（直径約1 mm）が原因です（**写真3-1E**）。通常、本科のメタセルカリアは海産魚の筋肉に寄生するため、脳内寄生は迷入によるものと考えられています。

また、マダイやタチウオの脊椎骨に付属している血管棘や神経棘に大きさ約1 cm の膨隆がみられることがあります（**写真3-2**）[3-2]。これは寄生虫ではなく良性の腫瘍であり、食品衛生上の問題はありません。

環境汚染とは関係ない

魚の形態異常や寄生虫は人目に付きやすく、みた目も悪いので、すぐに環境汚染と関連付けられ、マスコミに取り上げられてきました。しかし実際には、ほとんどの場合、環境汚染とは無関係です。

寄生虫の発生はあくまで自然現象の1つであり、根拠がない状態で騒ぎ立てて風評被害のもとになるようなことは慎むべきでしょう。

体表の虫・寄生虫 3-2

頻度 ★★

Skin parasites and other pathogens

[主な症状・状態]

体表やヒレに肉眼大の異物がみられる。

[分類・原因]

粘液胞子虫類、鞭毛虫類、単生類、甲殻類、ヒル類、吸虫類、分類群不明の原虫類、卵菌類、ウイルス類

[部位]

体表や皮下

[肉眼・検鏡観察]

体表や皮下に寄生する虫体を摘出し、顕微鏡で検査すると、各寄生虫に特徴的な形態が観察される。

[人体への影響]

無害

[対策]

間違えて食しても人間に有害なものはないので、除去して食するか、もしくは廃棄するしかない。

表3-2　魚類の体表や皮下に寄生する寄生虫およびその他の病原体

種名	分類群	宿主
ミクソボルス･エピスクアマリス（*Myxobolus episquamalis*）	粘液胞子虫	ボラ
コイイッキョクホウシムシ（*Thelohanellus hovorkai*）	粘液胞子虫	コイ
イクチオボドベンモウチュウ（*Ichthyobodo necator*）	鞭毛虫	サケ科魚類
シオミズイクチオボドベンモウチュウ（*Ichthyobodo* sp. of Urawa and Kusakari (1990)）	鞭毛虫	ヒラメなど海産魚
ブリハダムシ（*Benedenia seriolae*）	単生類	ブリ、カンパチ、ヒラマサ、ヒレナガカンパチ
シンハダムシ（*Neobenedenia girellae*）	単生類	ブリ､カンパチ､ヒラマサ､ヒレナガカンパチ､トラフグ､ヒラメ､マダイ､スズキ､シマアジ､スジアラ､キジハタ､ヤイトハタ
マハタハダムシ（*Benedenia epinepheli*）	単生類	ヒラメ、トラフグ、マハタ、キジハタ、クロソイ、カサゴなど
マダイハダムシ（*Benedenia sekii*）	単生類	マダイ、ゴウシュウマダイ
マダイヒレムシ（*Anoplodiscus tai*）	単生類	マダイ
サンマヒジキムシ（*Pennella* sp.）	甲殻類	サンマ
サケジラミ（*Lepeophtheirus salmonis*）	甲殻類	ギンザケ、ニジマス
セトウオジラミ（*Caligus fugu*=*Pseudocaligus fugu*）	甲殻類	トラフグ
サンマウオジラミ（*Caligus macarovi*）	甲殻類	サンマ、クロマグロ
ウオノコバン（*Nerocila acuminata*）	甲殻類	クロダイ、タイ科、ハタ科
タラノシラミ（*Rocinela maculata*）	甲殻類	ギンザケ
チョウ（*Argulus japonicus*）	甲殻類	コイ、キンギョ
チョウモドキ（*Argulus coregoni*）	甲殻類	ニジマス、ヤマメ、アマゴ、アユ、キンギョ
イカリムシ（*Lernaea cyprinacea*）	甲殻類	コイ、キンギョ、ニホンウナギ
イカリムシモドキ類（*Lernaeenicus* sp.）	甲殻類	トラギスの仲間
コブトリジイサン類（*Sarcotaces* sp.）	甲殻類	トカゲエソ、ハタ類
ミドリビル（*Batracobdella smaragdina*）	ヒル類	ニホンウナギ
カザリビル（*Trachelobdella livanori*）	ヒル類	ヒラメ
ヒダビル（*Limnotrachelobdella okae*）	ヒル類	ブリ、カンパチ、トラフグ
スカファノセファルス属の吸虫（*Scaphanocephalus* sp.）	吸虫（幼虫）	シロギス
X 細胞（X cell）	原虫類	マハゼ、カレイ類、タラ類
ミズカビ類（*Saprolegnia* spp.）	卵菌類	サケ科魚類
リンホシスチス科ウイルス（Lymphocystis disease virus）	ウイルス	ヒラメ、ブリ、マダイ、スズキなど

ウロコや皮下に寄生する粘液胞子虫（ボラ、コイなど）

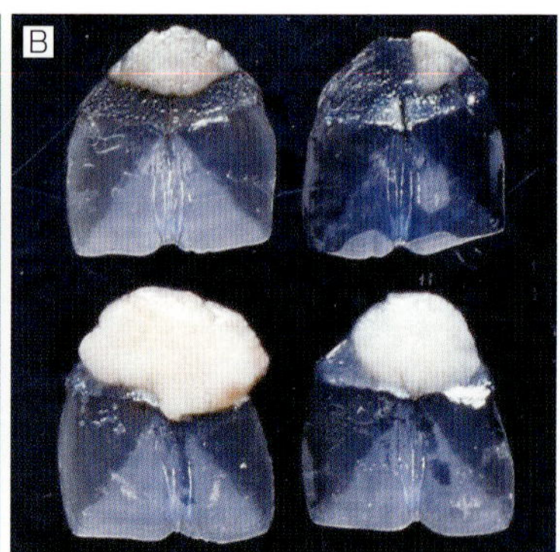

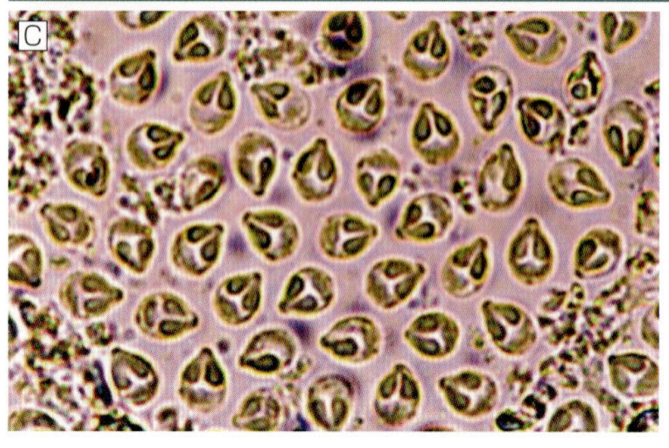

写真3-3　ボラのウロコの粘液胞子虫症
写真Aは寄生を受けたボラ。写真Bのように、ウロコにシストが形成される。写真Cはミクソボルス・エピスクアマリスの胞子である。

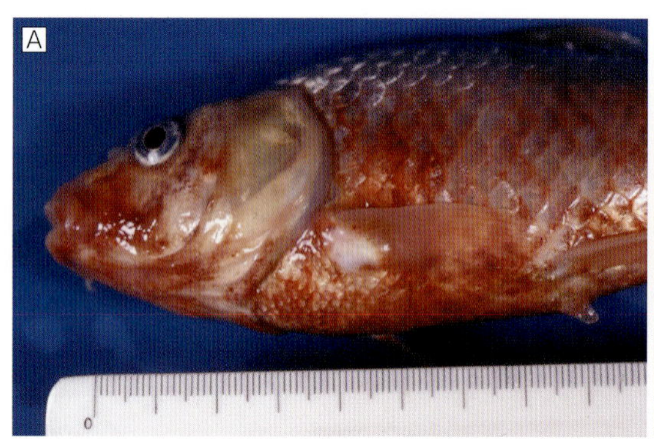

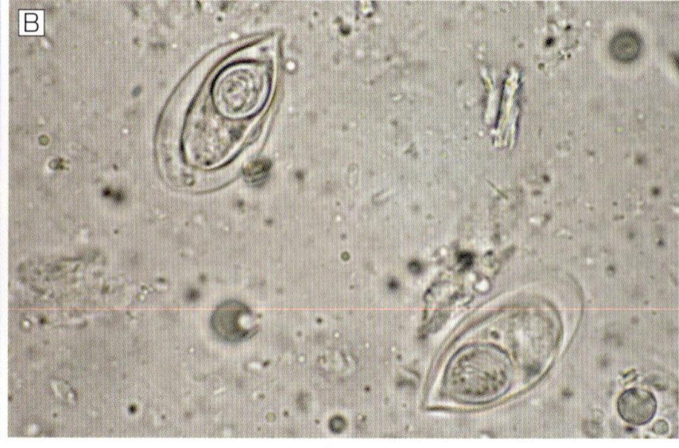

写真3-4　コイの出血性テロハネルス症
体表が発赤したニシキゴイ病魚（写真A）では、写真Bのようなコイイッキョクホウシムシの胞子がみられる。

ボラの体表が朱色に染まり、腫物ができたようにみえる症例があります（**写真3-3**）[3-3]。これはウロコに寄生したミクソボルス・エピスクアマリス（*Myxobolus episquamalis*）という粘液胞子虫が原因です。寄生虫により形成されたシスト塊に毛細血管が増生するため、赤みを帯びてみえます。

ニシキゴイの体表が真赤になり、ついには死亡する症例があります（**写真3-4**）。これは皮下に寄生する粘液胞子虫コイイッキョクホウシムシ（*Thelohanellus hovorkai*）が原因です。皮下で形成された成熟胞子が組織内に散逸すると、激しい炎症反応や出血、水腫、皮膚上皮の剥離などを起こして、外観的に発赤します。いずれも外観は気持ちが悪くみえますが、人間に害はありません。

イクチオボド症（サケ科魚類、ヒラメなど）

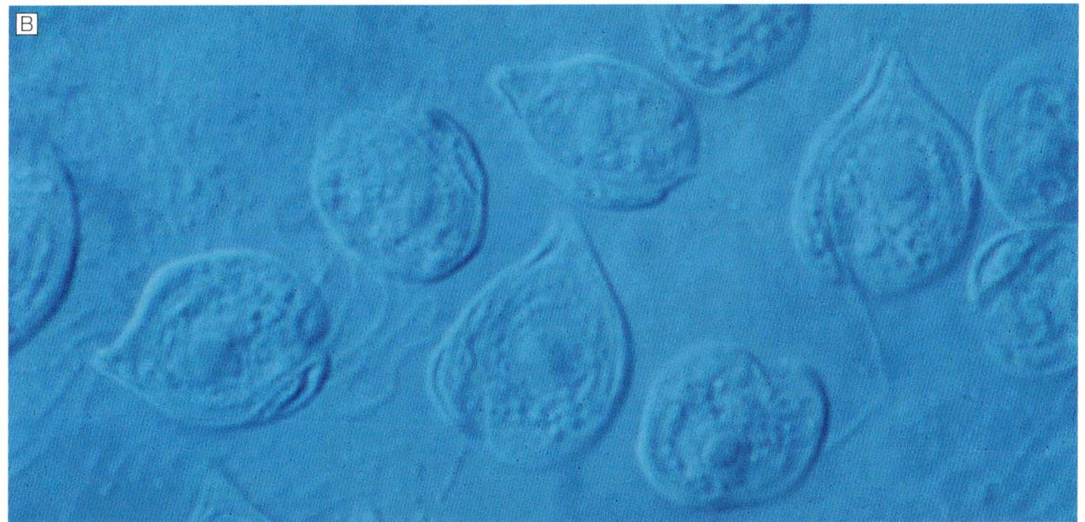

写真3-5　サケのイクチオボド症
寄生を受けたサケ稚魚（写真A）の体表には点状出血（矢印）がみられる。写真Bはイクチオボドベンモウチュウの虫体である。

サケ科魚類の体表やヒレにイクチオボドベンモウチュウ（*Ichthyobodo necator*）が大量寄生することによって、魚の食欲が落ちたり、体表に点状出血が認められたりした事例があります（**写真3-5A**）。

患部から体表粘液を取って顕微鏡検査すると、体長8～13 μmのべん毛虫が観察されます（**写真3-5B**）。寄生している状態では付着盤で宿主に固着しているので紡錘形にみえますが、魚から離れると円形になり、長さが異なる（通常）2本のべん毛で遊泳します。

同様の形態のべん毛虫がヒラメなどの海産魚からも報告されていましたが、最近になって、シオミズイクチオボドベンモウチュウ（*Ichthyobodo* sp. of Urawa and Kusakari (1990)）という別種であることが明らかになりました。

ハダムシ類（ブリ、カンパチ、タイ類、スズキ、ハタ類など）

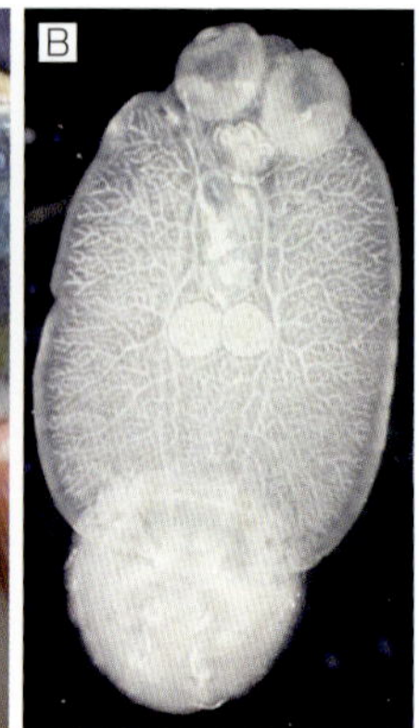

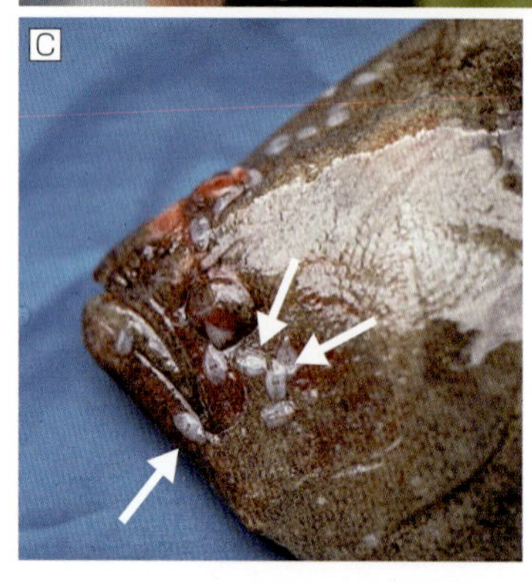

写真3-6　海産魚のハダムシ類
淡水浴後のブリ（写真A）では、死んだ虫体が白くみえる。写真Bはブリハダムシの虫体。写真Cはシンハダムシ（矢印）の寄生を受けたヒラメである。

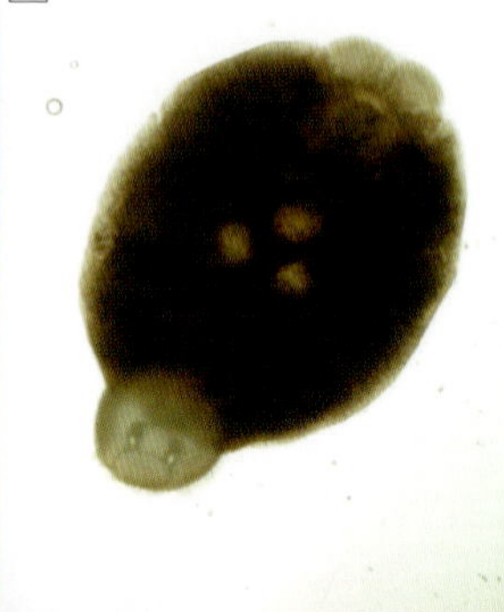

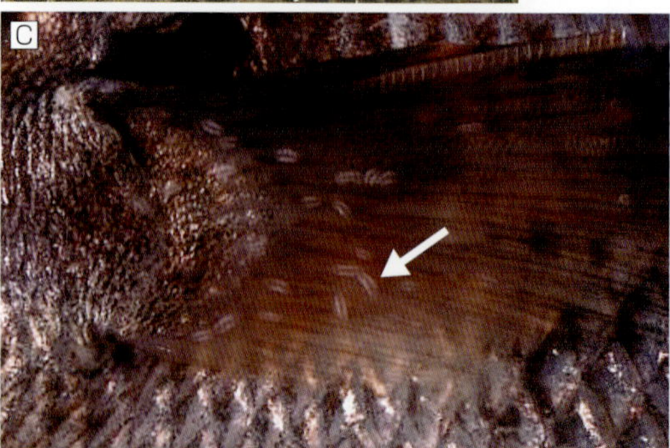

写真3-7　マダイの外部寄生虫
マダイハダムシの寄生（写真A）を受けると、患部がスレて白くみえる（矢印）。写真Bはマダイハダムシの虫体。マダイヒレムシが胸ビレに寄生している（写真C、矢印）。写真Dはマダイヒレムシの虫体である。

ブリ類の体表に寄生するブリハダムシ（*Benedenia seriolae*）（**写真3-6A、B**）、カンパチ、ヒラメ、トラフグなどのさまざまな海産養殖魚に寄生するシンハダムシ（*Neobenedenia girellae*）（**写真3-6C**）、ヒラメ、トラフグ、マハタなど多様な海産魚に寄生するマハタハダムシ（*Benedenia epinepheli*）、マダイのマダイハダムシ（*Benedenia sekii*）などは養殖場でよくみられる単生類の寄生虫です（**写真3-7A、B**）。また、マダイヒレムシ（*Anoplodiscus tai*）は、主にマダイのヒレや体表に寄生します（**写真3-7C、D**）。

多くの場合、生産段階で淡水浴や過酸化水素浴などで除去されますが、流通段階まで残っていると死んだ虫体が白い異物としてみられることもあります。

ヒジキムシ（サンマ、トラフグなど）

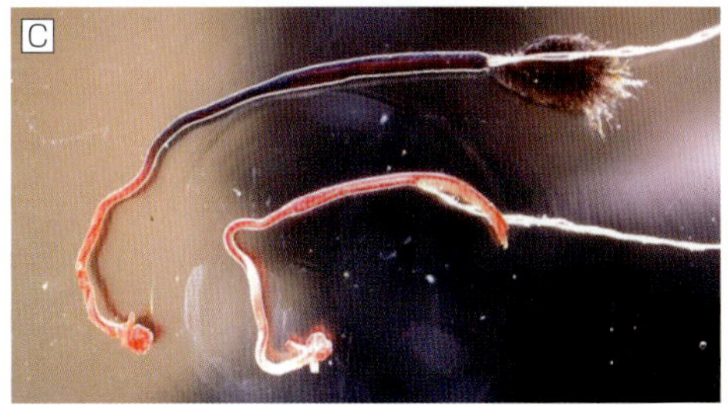

写真3-8　ヒジキムシ類
写真Aは寄生を受けたサンマ、写真Bはトラフグ。写真Cはトラフグから取り出した虫体である。

2012年、漁獲されたサンマの体表にサンマヒジキムシ（*Pennella* sp.）という寄生虫が高頻度でみられました（**写真3-8A**）。これは甲殻類の1種で、頭部をサンマの筋肉中に埋没させた状態で寄生しています。ヒトには害がないものの、みた目が悪いので、通常は手作業により虫体を抜き取ることで除去します。その際、頭部が切れて魚体内に残らないように注意が必要です。

サンマヒジキムシは数十年に1度、爆発的に大発生することがあります[3-4]。1983年には寄生率が3割以上に達して大騒ぎになったものの、2～3年後には終息しました。その後、1992年ごろにも小規模な発生はありましたが、2012年の大発生は30年ぶりと言えます。このような発生周期のメカニズムは全く解明されていません。

天然トラフグにまた別のヒジキムシがみられます（**写真3-8B、C**）[3-2]。寄生を受けやすい海域と受けにくい海域があるようですが、詳しいことは分かっていません。この寄生虫はやや大型なので、懸着部位からの細菌の二次感染など、魚に対する病害性も無視できないのではないかと考えられています。

ウオジラミ・ウオノコバン（トラフグ、クロダイ、サケ科魚類、シマアジ、サンマなど）

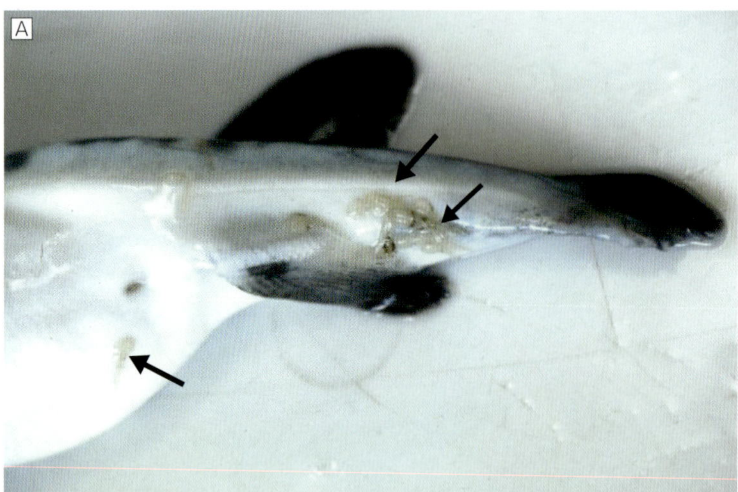

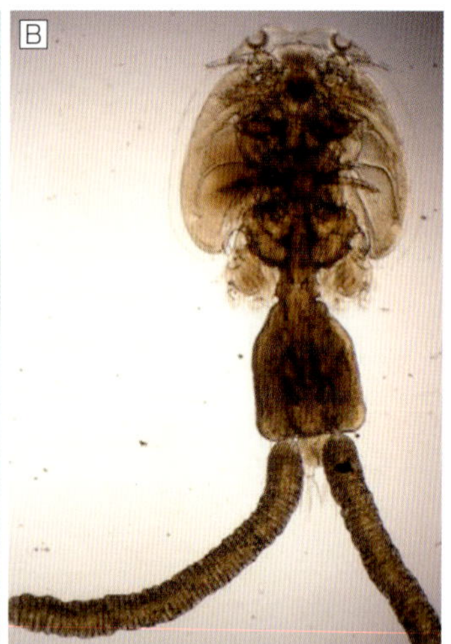

写真3-9　ウオジラミおよびウオノコバンの寄生
写真Ａはセトウオジラミが寄生したトラフグ。写真Ｂはセトウオジラミの虫体である。写真Ｃは尾柄部に１対のウオノコバンが寄生したクロダイ。写真Ｄはウオノコバンの虫体で、左がメス、右がオスである。

寄生性甲殻類のカイアシ類では、ウオジラミ類が数多く知られています。サケ科魚類に寄生するサケジラミ（*Lepeophtheirus salmonis*）は欧米で海面養殖されるサケ科魚類に多大な被害を及ぼしています。その他、養殖魚ではブリ類やシマアジのカリグスやトラフグのセトウオジラミ（*Caligus fugu*）などがみられます（**写真3-9A、B**）。

等脚類では、ウオノコバンやタラノシラミなどがあります（**写真3-9C、D**）。これらの外部寄生虫は、通常は漁獲時や流通過程で脱落しますが、たまたま残っていると苦情の原因になります。

サンマの体表、主に腹側に直径４～５mm の穴が多数空いていることがあります[3-5)]。この状態は「虫食いサンマ」とも呼ばれるもので、サンマウオジラミ（*Caligus macarovi*）が寄生部位の皮膚を食べた痕です。

チョウ・チョウモドキ（コイ、ニジマス、アマゴなど）

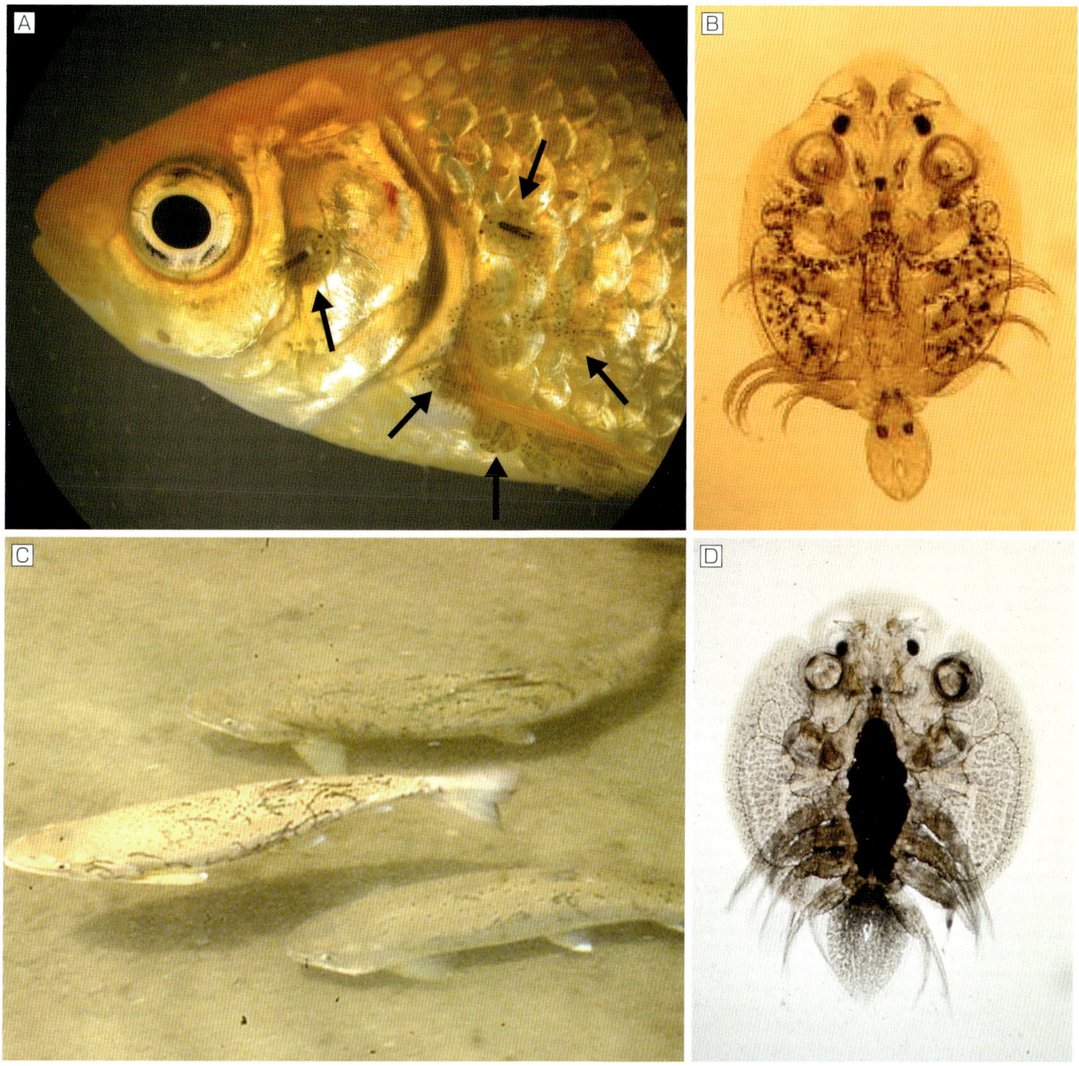

写真3-10　チョウ・チョウモドキの寄生
写真Ａはチョウの寄生を受けたキンギョ。写真Ｂはチョウのオス虫体である。また、チョウモドキの寄生を受けたアマゴでは、体表に食み痕がみられる（写真Ｃ）。写真Ｄはチョウモドキのメス虫体である。

コイやキンギョなどの温水性淡水魚の体表にはチョウ（*Argulus japonicus*）が、ニジマスやアマゴなどの冷水性淡水魚にはチョウモドキ（*Argulus coregoni*）が寄生します（**写真3-10**）。

これらは約1 cmの円形の虫体であり、口部にある刺針を宿主に突き刺して毒液を注入し、漏出した血液を摂取します。大量に寄生した小型魚は出血して死ぬこともあるので、養殖池では駆虫薬の散布も行いますが、ピンセットで1個体ずつ除去するしか対策がありません。

イカリムシ（キンギョ、トラギスなど）

写真3-11　イカリムシの寄生
写真Aはイカリムシが寄生したキンギョ。写真Bはイカリムシのメス虫体である。写真Cはイカリムシモドキ類の寄生を受けたトラギス。写真Dはイカリムシモドキ類の虫体である。

コイやキンギョでは、体表に頭部を埋め込んで寄生するイカリムシ（*Lernaea cyprinacea*）がみられます（**写真3-11A、B**）。体長約1cmの細長い虫体で、寄生部位の周辺に炎症を起こしたり、他の病原菌の二次感染を招いたりしやすいと言われます。

養殖場では有機リン剤の散布により幼虫を駆除できますが、小売店または消費者はピンセットで1個体ずつ引き抜く以外に手段がありません。なお海産魚でも、トラギスの仲間にイカリムシモドキ類（*Lernaeenicus* sp.）の寄生が知られています（**写真3-11C、D**）。ただし、このイカリムシモドキ類は、分類学上、P.63のヒジキムシの仲間です。

コブトリジイサン類（トカゲエソ、ハタ類など）

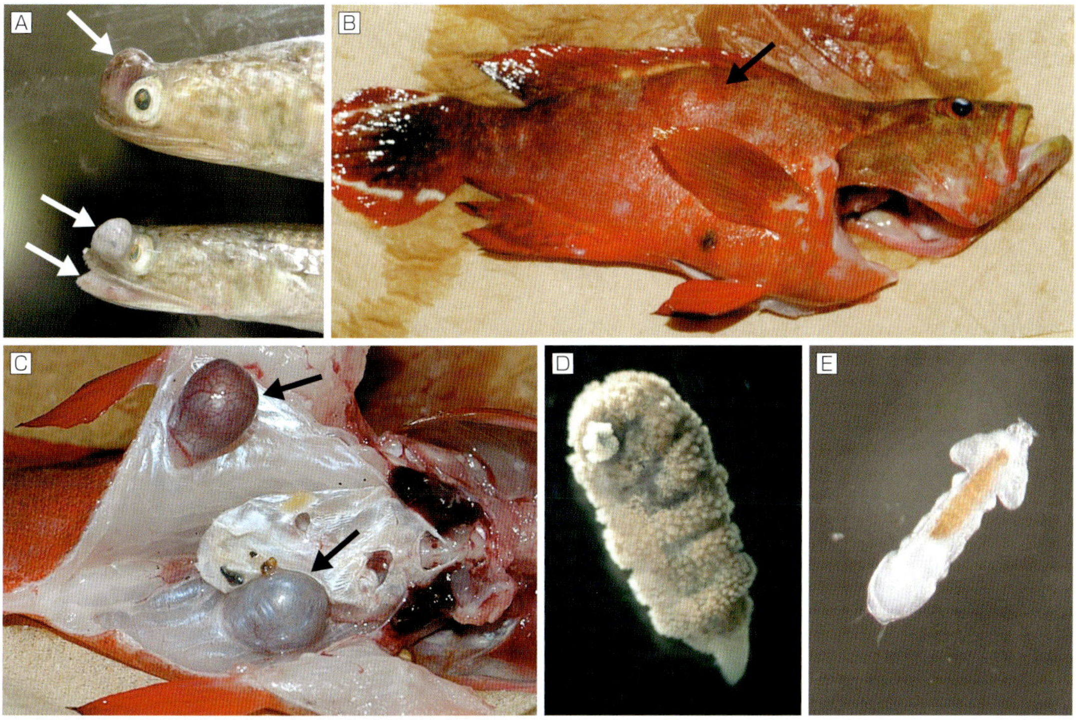

写真3-12　コブトリジイサン類（ザルコタセス）の寄生
寄生を受けたトカゲエソ（A）。寄生部位が膨らんでみえるハタ類の外観（B、矢印）。腹腔内に突出したザルコタセスの「こぶ」（C）。トカゲエソからのメス虫体（D）とオス虫体（E）。

コブトリジイサン類（ザルコタセス、*Sarcotaces*）が皮下に寄生して、大きなコブができる症例があります（**写真3-12A、B、C**）[3-2]。

トカゲエソでは頭部に、ハタ類では腹腔内にコブができます（**写真3-12A、B、C**）。トカゲエソにできたコブの中には雌雄1対のコブトリジイサン類が入っており、メスは約1cm、オスはせいぜい数mmの大きさです（**写真3-12D、E**）。付属肢などの形態から甲殻類であることが分かります。

ヒル（ニホンウナギ、ヒラメなど）

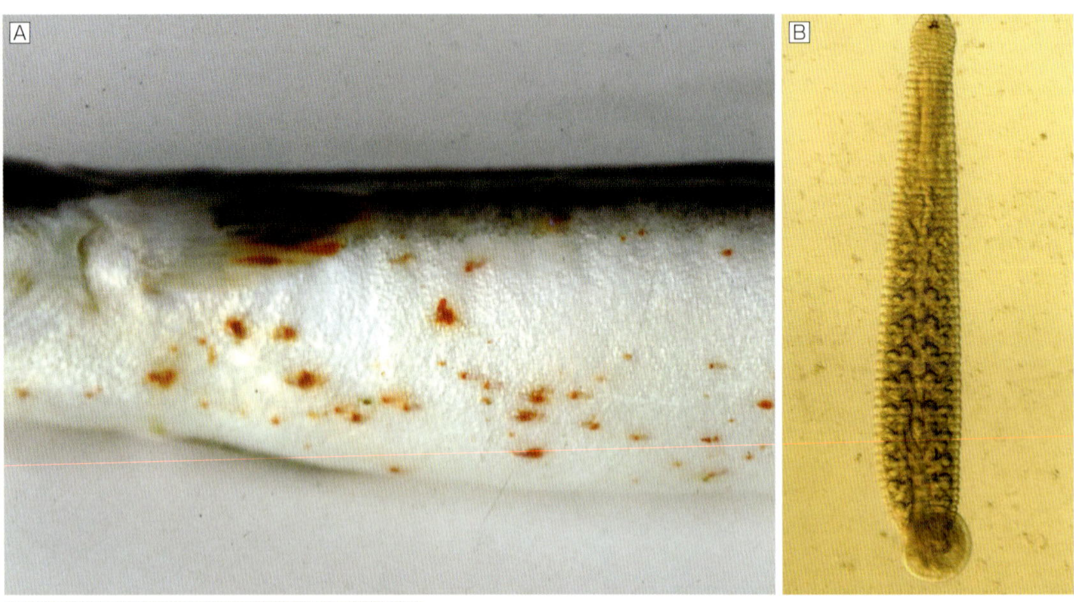

写真3-13　ヒルの寄生
写真Aはミドリビルの寄生痕が多数みられるニホンウナギ。写真Bはミドリビルの虫体である。写真Cはヒラメに寄生していたカザリビルの虫体である。

ニホンウナギの体表に寄生して吸血痕を残すミドリビル（*Batracobdella smaragdina*）が知られています（**写真3-13A、B**）。通常は池底で体前端を揺らして生息していますが、ウナギがそれに触れると吸盤で吸着し、吻を使って吸血するものの、数時間で離れてしまいます。すなわち、吸血時のみ、宿主に吸着する一時寄生体です。過去に養殖場で大発生しましたが、病気としてよりも、外観を損ねるために問題とされました。

海産魚では、ヒラメの体表に寄生するカザリビル（*Trachelobdella livanori*）やブリなどに寄生するヒダビル（*Limnotrachelobdella okae*）が知られています（**写真3-13C**）。

吸虫（カレイ類、マアナゴ、シロギスなど）

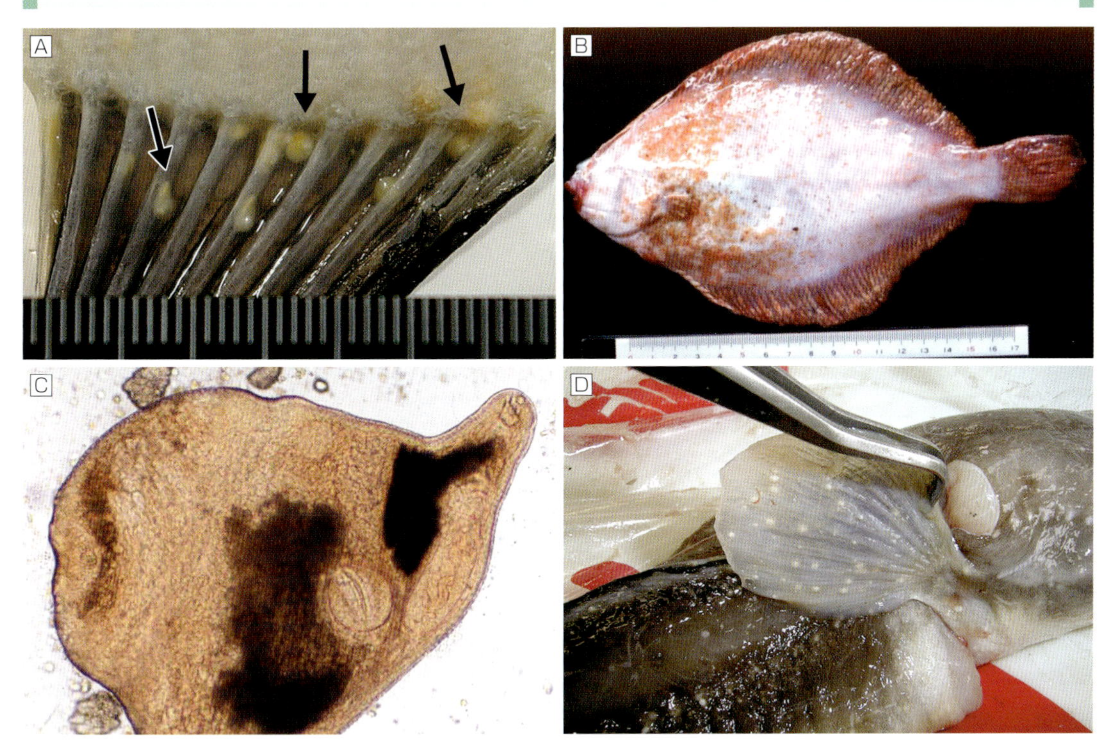

写真3-14　カレイ類やマアナゴに寄生する吸虫
写真Aは吸虫のシスト（矢印）がみられるアサバガレイのヒレ。写真Bは無眼側体表に多数のシストがみられるメイタガレイ、写真Cはメイタガレイから取り出した吸虫のメタセルカリアの虫体である。また、マアナゴのヒレに吸虫シストがみられることもある（写真D）。

写真3-15　シロギスに寄生する吸虫
写真Aは体表に吸虫のシスト（矢印）がみられるシロギス。写真Bは取り出した吸虫のメタセルカリアの虫体である。

カレイ類やマアナゴの体表やヒレに大きさ1～2mmの粒状異物が多数みられた事例があります（**写真3-14**）[3-2]。これは吸虫のメタセルカリア（被嚢幼虫）で、顕微鏡検査を行うと吸虫に特有の吸盤が観察できます。これらは人体に寄生するものではないので、心配する必要はありません。

シロギスの体表に径1mm弱の白点が多数、観察されたこともあります（**写真3-15**）[3-5]。これはスカファノセファルス（*Scaphanocephalus*）属という吸虫のメタセルカリアで、内部にみられる黒い湾曲は消化器系です。この吸虫は鳥類を終宿主とする寄生虫なので、人間に寄生することはありません。

X 細胞（マハゼ、カレイ類、タラ類など）

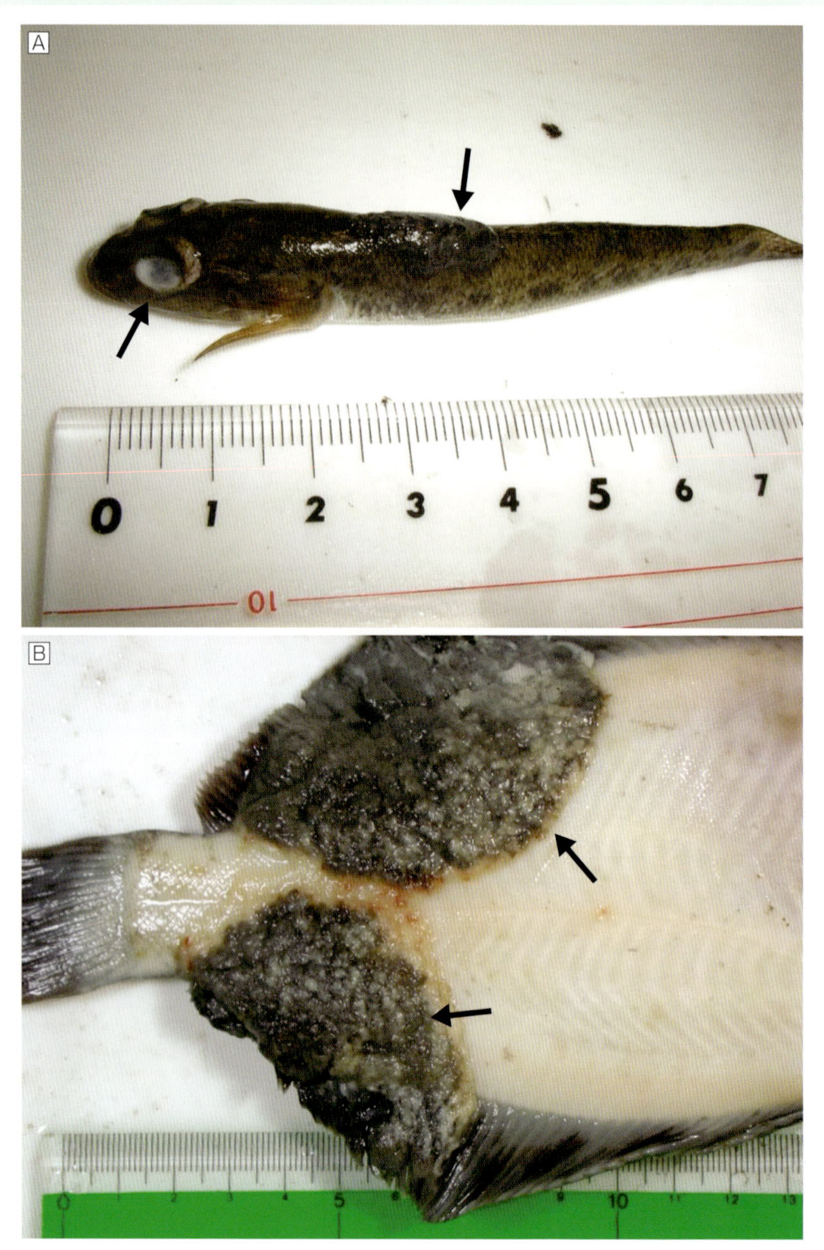

写真3-16 X 細胞感染症
写真 A はマハゼの腫瘍様患部、写真 B はクロガシラの患部である。

マハゼ、カレイ類、タラ類などの体表や眼球などに腫瘍様の異物がみられた事例があります（**写真3-16**）。特にマハゼでは頭部が隆起して眼球が突出するという異様な外観から「お化けハゼ」と呼ばれ、水質汚染との因果関係が疑われてきました。

しかし現在では、「X 細胞」という分類学的位置不明の原生動物が原因であるとされています[3-6]。なお、この寄生虫は人に感染するものではありません。

ミズカビ病（サケ科魚類など）

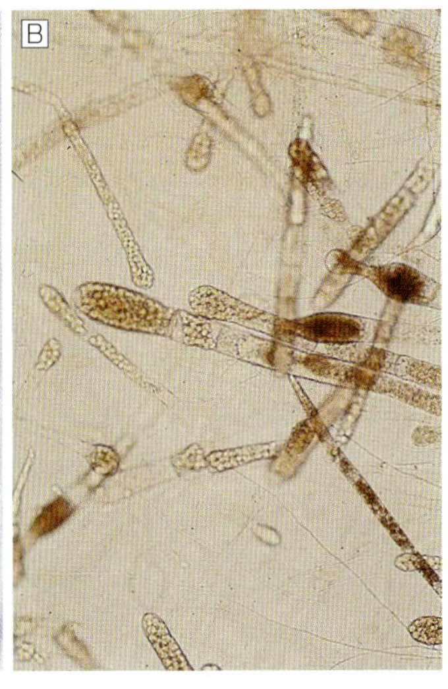

写真3-17　ミズカビ病
写真Aではヒメマスの尾部に患部がみられる。写真Bはサプロレグニア・シコツエンシス（*Saprolegnia shikotsuensis*）の菌糸である。

サケ科魚類など淡水魚の体表や尾部に綿毛状の塊が観察されることがあります（**写真3-17**）。これはミズカビ属の卵菌類（*Saprolegnia* spp.）が菌糸の集塊を形成したものです。重度に感染すると、患部の尾ヒレが欠損したり、浸透圧調節機能が破壊されたりして、死に至る場合もあります。受精卵に対しては薬浴が有効ですが、魚類では知られていません。

リンホシスチス病（ヒラメなど）

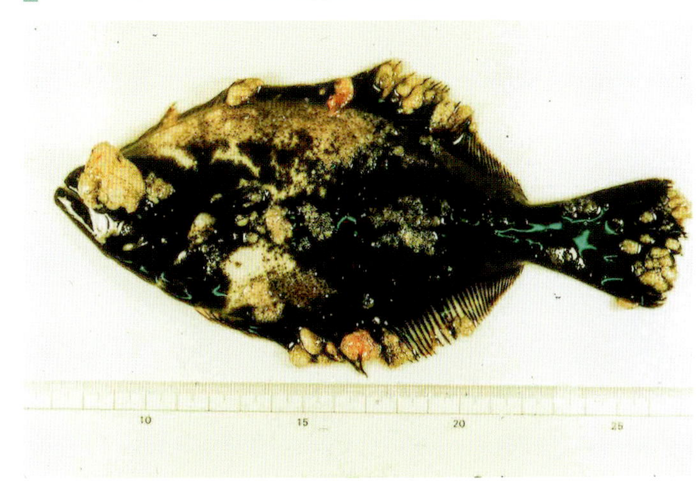

写真3-18　リンホシスチス病を呈したヒラメ
白い塊の病巣がみられる。

ヒラメなど海産魚の体表に腫瘍様の病巣が多数形成された事例があります（**写真3-18**）。これはイリドウイルス科のウイルスによるもので、ヒラメでは白色の塊、ブリでは黒点として認められます。醜悪な外観から商品価値を失いますが、最近では本病に抵抗性を有するヒラメの系統が選抜育種により確立され、実用化されています。

COLUMN

魚の寄生虫、苦いか塩っぱいか

将来、予想される世界の食糧危機を克服するため、FAO（国際連合食糧農業機関）が昆虫食を大まじめに議論し始めたというニュースは記憶に新しいところです。「昔はイナゴを食べたものだよ」とおっしゃる方もいるかもしれませんが、イモムシやバッタを平気で口にしている映像を見て、思わず引いてしまった人も多いのではないでしょうか。

魚の寄生虫を食べる習慣も、実は古くから各地にあります。特にリグラ条虫は世界のいわゆるゲテモノ好きの食欲をそそるようで、イタリアの一部の地方では「マカロニ・ディ・マーレ（Maccheroni di mare、日本語で海のマカロニ)」といって食されているという噂もあります[1)]。また、中国では明朝時代から冬の味覚としてリグラ条虫の寄生したフナを珍重していたり[2)]、日本でも北海道や東北地方でこれを賞味していたりしたという話もあります[3)]。確かに和名は「ウドンムシ」で、白色かつ長さ数十 cm、幅 1 cm、厚さ 2.3 mm ですから、幅広のロングパスタ（フェットチーネ）や「きしめん」に似ていると言えなくもありませんが、もちろん、全くの別物です。

「学者が研究のために寄生虫を食べた」という話もよく耳にします。日本海裂頭条虫（*Dibothriocephalus nihonkaiensis*＝*Diphyllobothrium nihonkaiense*、いわゆるサナダムシ）のプレロセルコイド幼虫を飲み込んで、人間が自らの体を張って寄生虫の発育や自覚症状の研究をした「自体実験」は論文にもなっています[4、5)]。

また、魚の寄生虫は無害であることを証明するため、ブリの筋肉に寄生するアマミクドアを食して「無味無臭だったよ」と平然と話す方や、「マダイの口の中に寄生するタイノエを唐揚げにして食べるとパリパリして美味しい」と言う方もいます。もちろん、どちらも食後に体の異常は何もなかったとのことです。

●ダイエット効果がある？

「寄生虫を食べるとダイエットに良い」という話はどこかで聞いたことがあると思います。アメリカ生まれのオペラ歌手、マリア・カラスがサナダムシの１種である広節裂頭条虫（*Dibothriocephalus latus*＝*Diphyllobothrium latum*）の幼虫を飲み、体内で飼育した結果、２カ月で 50 kg もやせたというエピソードが有名ですが、これは作り話だという説もあります。

サナダムシが人間の腸内で 10 m 以上にも成長し、その体表から旺盛に栄養分を吸収することは事実です。そのため、食事制限をする必要がない手軽なダイエットだと勘違いしている人もいるようですが、それは違います。

まず、日本産のサナダムシは日本海裂頭条虫であり、ヨーロッパの虫とは種類が違うので、人間に与える影響も穏やかだと言われています。もし、体重が減少した人がいたとすれば、普通の生活をしている中でサナダムシに栄養を吸い取ってもらったというよりは、サナダムシを大事に育てるために消化の良いものを毎日少量ずつ食べ、かつアルコールも飲まないといった、暴飲暴食を避けるというまさにダイエットに理想的な食生活を過ごしたためかもしれません。

しかし一方で、サナダムシ寄生の害作用として、下痢や腹痛を引き起こす場合があるということも知られています。重症化することはないものの、どのような影響があるかは予想できないのです。そもそも、あえて病原体を摂り込んで痩せようという発想自体、正気の沙汰ではありません。

●アレルギーに効く？

また、寄生虫はアレルギーを防ぐという説もありました。これは、もともと寄生虫感染の多い発展途上国の人にはアレルギー患者が少ないという事実と、彼らの血中 IgE 抗体レベルが非常に高いという調査結果を結び付けて発想されたものです。

アレルギー反応を引き起こすヒスタミンは肥満細胞に貯えられており、ダニや花粉などのアレルゲンに対する IgE 抗体が肥満細胞にくっついてそれを破壊すると、ヒスタミンが放出されてアレルギーになります。ところが、寄生虫に対する IgE 抗体が大量に産生されると、肥満細胞の表面が覆いつくされてしまい、花粉などに対する IgE 抗体と肥満細胞との結合が阻害されるのだと考えられました[6)]。しかし、その後の研究では、寄生虫がアレルギーを抑えるどころか、逆に悪化させている事例もみつかっており[7)]、寄生虫とアレルギーの因果関係については、まだ結論が出ていないという状況です。

将来的には、研究が進んで寄生虫の成分が薬剤として応用される日がくるかもしれません。しかし現時点では、まるで特効薬であるかのように、「寄生虫を飲めばダイエットに効果がある」、「アレルギーに効く」などという安易な発想は禁物なのです。

●重金属を蓄積する鉤頭虫

このコラムの表題は言わずもがな、佐藤春夫氏の「我が一九二二年」に集録されている「秋刀魚の歌」という有名な詩の一説、「さんま、さんま、さんま苦いか塩っぱいか」をもじったものですが、サンマの苦さのもとである内臓にも寄生虫がいます。それは、ラジノリンカス・セルキルキ（*Rhadinorhynchus selkirki*）という鉤頭虫の１種です。

オレンジ色で長さ約１～２cm の細長い糸状の虫としてみられます。53 頁でも紹介しているように、養殖魚ではマダイの腸内に寄生するクビナガコウトウチュウ（*Longicollum pagrosomi*）が有名です。

ラジノリンカスは、ほとんどのサンマに寄生しているといってもよいほど寄生率が高いので、多くの人は気づかずに口にしてしまっているかもしれません。しかし、たとえ生で食べてしまったとしても、人間に寄生することはありません。そうはいっても、本当に問題ないのでしょうか。気になる研究結果を紹介します。

環境毒性学の分野において、水中の重金属汚染の指標生物として、魚の寄生虫を利用しようという研究がなされています[8)]。魚の内部寄生虫は水中の化学物質を宿主より高いレベルで濃縮するので、魚の筋肉や肝臓組織を調べるよりも、寄生虫を調べた方が高感度に検出できるというのです。

そして、さまざまな寄生虫のうち、鉤頭虫が最も重金属の濃縮率が高いようです。特に淡水種で著しく、カドミウムや鉛など、化学物質の種類によっては最大 2000 倍も蓄積していたというデータもあります。これはもちろん、環境評価のツールとして寄生虫が有用であることを示した研究であり、寄生虫食を想定したものではありません。一方で、「寄生虫を食べると大量に蓄積された重金属を摂り込んでしまうのではないか」と心配する人がいるかもしれません。

しかし、ここで短絡的に「寄生虫は毒物で汚染されている」と過剰に拒否反応を起こすのは間違いです。リスクは定量的に評価して、「正しく恐れる」ことが重要です。先述したサンマとラジノリンカスについては、重金属の蓄積に関する報告がないので、比較的近縁である種類についてのデータを目安に考えてみましょう。

ある調査によると、タイセイヨウダラに寄生する鉤頭虫、エキノリンカス（*Echinorhynchus gadi*）の体内における鉛の濃度は、魚の組織に比べて約15倍高いことが示されています[9]。これをもとに計算すると、ラジノリンカスは1個体がせいぜい0.005gなので、サンマ1尾を100gとして、ラジノリンカスから摂り込まれる重金属の量はサンマ全体からの量に比べると、1300分の1程度と見積もられます。

つまり、ラジノリンカスだけを選り好みして大量に摂取しない限り、全く気にすることはないのです。逆に、亜鉛や鉄分など、人間の不足しがちなミネラル類を寄生虫で補給することはできないか、つまり「寄生虫サプリメント」という逆転の発想をされた方もいましたが、残念ながら微々たる量です。普通に魚を食べた方が、バランスよく栄養を摂取できると思います。

●寄生虫は甘くない

結局、アニサキスや旋尾線虫など一部の有害な種類を除いて、ほとんどの魚類寄生虫は、「毒にも薬にもならない」と思われます。ただし、食料としての価値については分かりません。

冒頭で述べた昆虫食の場合は、虫を育てる「畜虫業」の可能性も検討されているようですが、魚の寄生虫を大量生産するのは容易ではありません。実験室内で培養できる寄生虫はほとんどないので、宿主となる魚をたくさん養殖する必要があります。そうであるならば、その魚をタンパク源として利用した方が効率的です。

自己責任で「嗜好品」として味わうことは否定しませんが、ヒラメのナナホシクドア（*Kudoa septempunctata*）のように、今までは無害と考えられていたものが有害寄生虫として顕在化することもあります。また、クドアについてはスペインでアレルギー症を引き起こす事例も報告されています[10]。

そのほか、前述のように有害物質を蓄積している可能性も否定できないので、面白半分に食用とするのはおすすめできません。寺田寅彦が言ったとされる「正しく恐れる」は、本当は「正当に怖がる」だったのですが、後者には「甘く見てはいけませんよ」という意味も込められていると言われています。

— 第4章 —

甲殻類 貝類 頭足類の 寄生虫

甲殻類の寄生虫 4-1

Parasites of crustaceans

頻度 ★★

[主な症状・状態]

寄生部位が白濁したり膨隆したりすることで肉眼的に目につく。

[分類・原因]

微胞子虫類、甲殻類、類線形動物など

[部位]

筋肉組織、鰓腔内、体腔内など

[肉眼・検鏡観察]

微胞子虫は患部の組織を取って顕微鏡検査し、胞子の形態を観察する。甲殻類は肉眼でも認識できるが、種の同定には標本作製して特徴的な形態を観察する必要がある。

[人体への影響]

無害

[対策]

なし

エビ・カニ類などの甲殻類にも寄生する

魚類だけでなく、あらゆる水生動物に寄生虫はいます。甲殻類（エビ・カニ類）のような水産的に重要な生物も例外ではありません。ただし、魚の寄生虫と比べて無脊椎動物の寄生虫は研究者が少ないため、未知の部分が多いのが現状です。

ここでは水産流通や販売の現場で問題になる甲殻類の寄生虫について紹介します。

表4-1 水生甲殻類の寄生虫

種名	分類群	宿主
ミクロスポリジウム類（*Microsporidium* spp.）	微胞子虫類	サルエビ、アカエビ、ヨシエビ
アグマソマ微胞子虫（*Agmasoma* sp.）	微胞子虫類	シロエビ、ピンクエビ
テロハニア微胞子虫（*Thelohania* sp.）	微胞子虫類	ピンクエビ
アメソン微胞子虫（*Ameson* spp.）	微胞子虫類	ブルークラブ（アオガニ）、トゲクロザコエビ
アメソン微胞子虫（*Ameson* sp.）	微胞子虫類	イセエビ
ミクロスポリジウム類（*Microsporidium* sp.）	微胞子虫類	クルマエビ
アマエビエラヤドリ（*Bopyroides hippolytes*）	甲殻類	ホッコクアカエビ（アマエビ）
エビヤドリムシ類（Bopyridae）	甲殻類	アカエビ、エビジャコ、マメコブシガニなど
ウンモンフクロムシ（*Sacculina confragosa*）	甲殻類	イワガニ、イソガニ、ヒライソガニ
シャコツブフクロムシ（*Thylacoplethus squillae*）	甲殻類	シャコ
オヨギハリガネムシ類（*Nectonema* sp.）	類線形動物	ケガニ

エビの微胞子虫（サルエビ、ヨシエビ、シロエビ、ピンクエビ、イセエビなど）

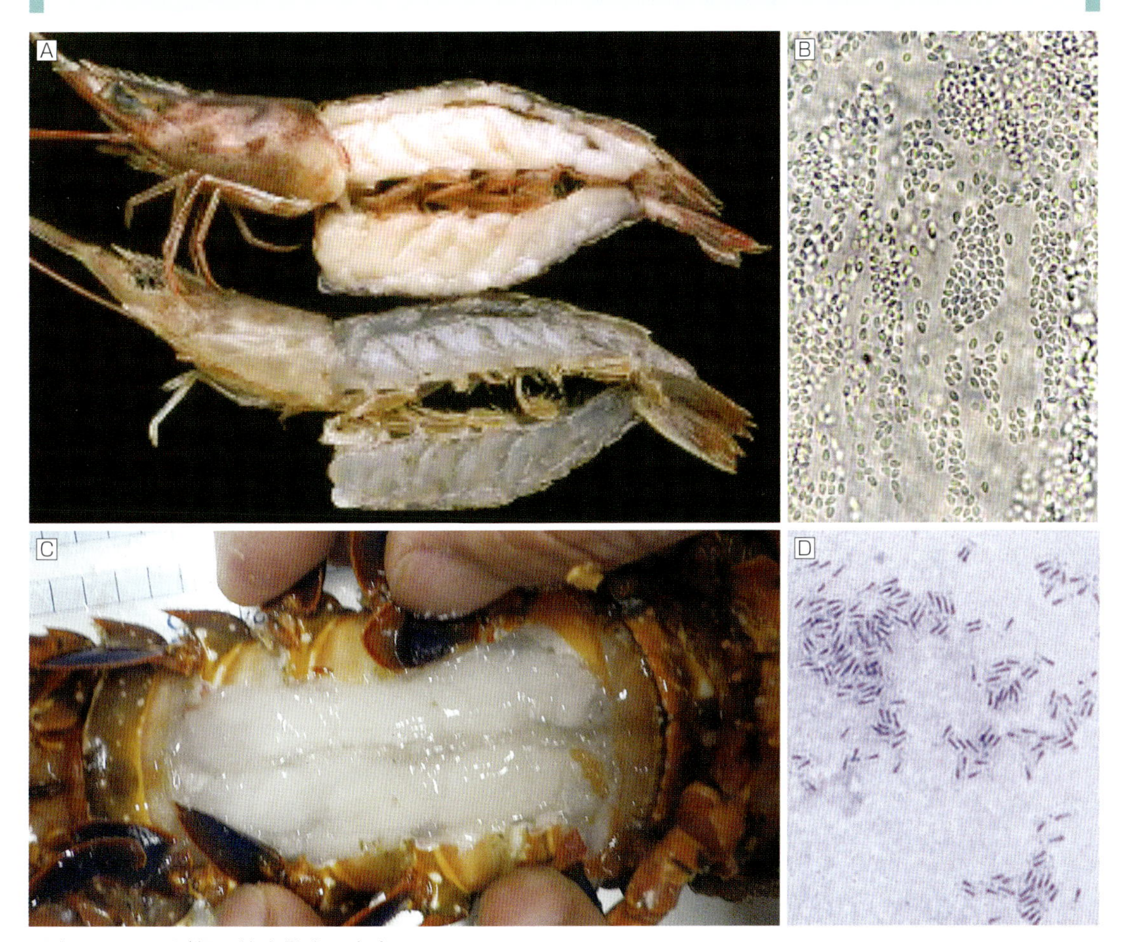

写真4-1　エビ類の筋肉微胞子虫症
写真Ａはサルエビの筋肉微胞子虫症罹患エビで、上が感染エビ、下が未感染エビ。写真Ｂはサルエビの微胞子虫の胞子である。イセエビの筋肉微胞子虫症（写真Ｃ）では筋肉部が白濁してみられる。写真Ｄはディフ・クイック染色したイセエビの微胞子虫の胞子である。

サルエビやヨシエビなどの天然エビ類が、生きているにもかかわらず加熱調理したかのように肉が白濁する症例があります(**写真4-1A**)[4-1]。体表のツヤが失われ、体色の赤変や背部の黒化がみられる場合もあります。これはエビの筋線維内に寄生した微胞子虫が原因です（**写真4-1B**)。

海外でもシロエビやピンクエビに寄生するアグマソマ（*Agmasoma* spp.)、ブルークラブ（アオガニ）やトゲクロザコエビのアメソン（*Ameson* spp.)、ピンクエビのテロハニア（*Thelohania* sp.）などの感染において同じような症状を呈することが知られており、白い綿状のみた目から「コットン・シュリンプ病（cotton shrimp disease)」と呼ばれています[4-2]。

近年、日本産のイセエビに新種と思われる筋肉寄生微胞子虫が発見されました。病エビの行動に異常はみられないものの、筋肉が白濁し、商品価値を失います（**写真4-1C**)。胞子の形態学的特徴（**写真4-1D**）および分子生物学的解析検査から、アメソン属に近縁の微胞子虫であることが示唆されています。

天然クルマエビの殻の下に、微胞子虫の白い

写真4-2　クルマエビの微胞子虫症
写真Aのように、外骨格下にはシストがみられる（矢印）。クルマエビの微胞子虫の胞子である。

シストがみられた事例があります（**写真4-2**）。胞子は卵型で、長さが3μm前後と微胞子虫の典型的な形態をしていますが、症例としては世界的にも珍しく、未記載種だと考えられています。

なお、微胞子虫類は原生動物からほ乳類まであらゆる種類の生物群に寄生しますが、宿主とする生物種は寄生虫の種ごとに決まっている（宿主特異性が高い）ため、甲殻類に寄生する微胞子虫が人間に寄生することはありません。

エビヤドリムシ（ホッコクアカエビなど）

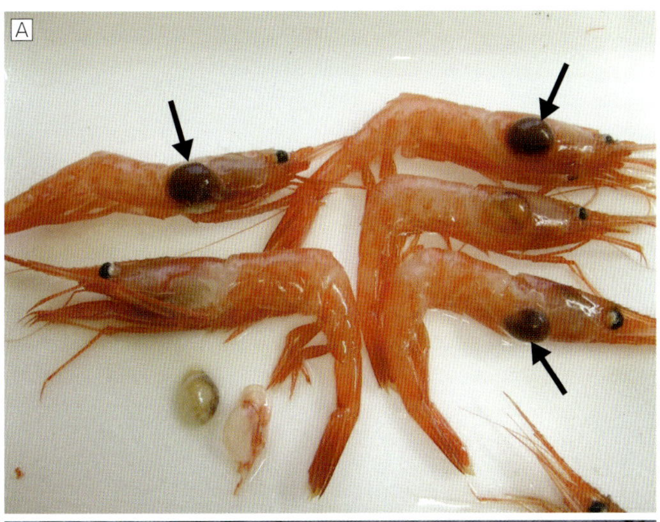

写真4-3　ホッコクアカエビのエビヤドリムシ寄生
鰓腔が膨隆したホッコクアカエビ（写真A）から、写真Bのような虫体が摘出される。なお、メスが右、オスが左である。

ホッコクアカエビ（アマエビ）などのタラバエビ属甲殻類の鰓腔内にエビヤドリムシ類の1種が寄生して、まるで頬が膨らんだように甲殻が膨隆する症例があります（**写真4-3A**）[4-3]。これはアマエビエラヤドリ（*Bopyroides hippolytes*）という寄生性等脚類が原因です[4-4]。

雌雄異体であり、メス成虫は体長約8mmで不相称の卵円形、オス成虫は体長約2mmで細長い相称形をしています（**写真4-3B**）。通常、左右いずれかの鰓腔内に雌雄一対で寄生し、オスはメスに超寄生（寄生虫に寄生した状態）しています。

なお、エビヤドリムシはエビにも人間にも悪影響はありません。

フクロムシ（イワガニ、シャコなど）

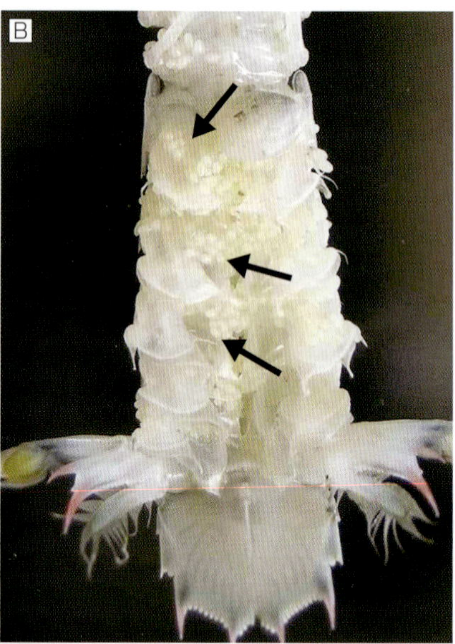

写真4-4　フクロムシ類
写真Aはイワガニのウンモンフクロムシ。写真Bは腹部に多数のシャコツブフクロムシ（矢印）が寄生したシャコである。写真Cは摘出した虫体のエクステルナである。

カニの腹部（いわゆるフンドシの部分）に卵を抱くようにソラマメ状のフクロムシが寄生します（**写真4-4A** はイワガニのウンモンフクロムシ）。フジツボに近縁の甲殻類ですが、体節や付属肢は退化しています。カニの腹部にみえるのは袋状の体外部（エクステルナ）で、宿主体内にはインテルナという部分が樹根状に発達しています。カニは寄生去勢を起こし、繁殖能力が失われます[4-5]。

シャコの腹部や遊泳脚に、大きさ1 mm 前後の白色楕円形の虫体が多数観察された事例があります（**写真4-4B**）[4-1]。一見すると卵のようですが、シャコツブフクロムシ（*Thylacoplethus squillae*）です。虫の一端に宿主と接続している小さな突起があり、エクステルナは厚い透明な膜で覆われています（**写真4-4C**）。

オヨギハリガネムシ（ケガニなど）

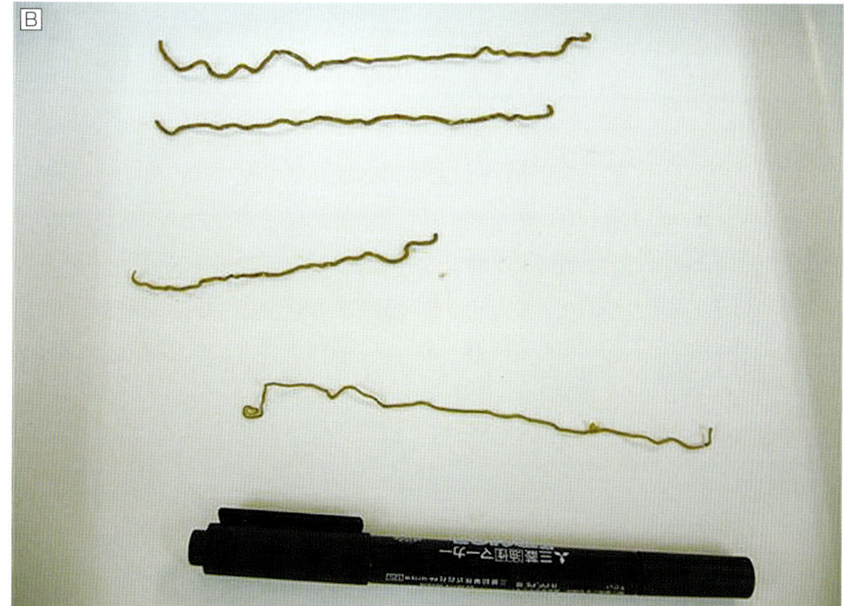

写真4-5　ケガニのオヨギハリガネムシ
カニのなかでとぐろを巻いていたハリガネムシ（写真 A）を体外に取り出すと、写真 B のような虫体がみられた。

ケガニの甲羅を剥がした時、体腔内にとぐろを巻いた細長い虫体がみられた事例があります（**写真4-5A**）。虫体は太さ 1 ～1.5 mm、長さ 15 cm 程度で、ハリガネムシの１種（*Nectonema* sp.）です（**写真4-5B**）[4-6]。

カニに寄生しているのは幼虫で、成虫になるとカニから外に出て自由生活をします。人間に害はありませんが、クレームの対象になります。

貝類・頭足類の寄生虫 4-2

頻度 ★★

Parasites of shellfishes and cephalopods

［主な症状・状態］
寄生部位が膨隆または変色して肉眼的に目についたり、微小な異物を形成して食感的に違和感を与えたりする。

［分類・原因］
原虫類、吸虫類、条虫類、甲殻類、細菌、多毛類、その他

［肉眼・検鏡観察］
原虫や細菌などの微生物は顕微鏡検査、吸虫、条虫、甲殻類などの寄生虫は実体顕微鏡で検査して、各寄生虫に特徴的な形態を調べる。

［人体への影響］
無害

［対策］
なし

貝類やイカ・タコ類への寄生

無脊椎動物の寄生虫は、みた目はグロテスクなものもありますが、一般に人には無害なので心配する必要はありません。

ただし、淡水カニ類の寄生虫には哺乳類を終宿主とするものもあるので、生食するとヒトに寄生する場合があります。これらの人体に有害な寄生虫については次章（89頁参照）で改めて紹介します。

表4-2　貝類、頭足類の寄生虫、その他の異常の原因

種名	分類群	宿主
マルテイリア・チュンムエンシス（*Marteilia chungmuensis*）	原虫類	マガキ
パルヴァトレマ属吸虫（*Parvatrema* sp.）	吸虫類	アサリなど、二枚貝類
盤頭条虫類（*Tylocephalum* sp.）	条虫類	アカガイなど
オオシロピンノ（*Pinnotheres sinensis*）	甲殻類	アサリ、ハマグリ
カイヤドリウミグモ（*Nymphonella tapetis*）	ウミグモ類	アサリ
ホタテエラカザリ（*Pectenophilus ornatus*）	甲殻類	ホタテガイ
フランシセラ・ハリオティサイダ（*Francisella halioticida*）	細菌類	ホタテガイ、アワビ類
マダラスピオなどスピオ科多毛類（*Polydora brevipalpa*, *Polydora* spp.）	多毛類	ホタテガイ、アワビ類、トコブシ類、イガイ類など
スルメイカの精莢（Spermatophore）	スルメイカ	スルメイカ

カキの卵巣肥大症

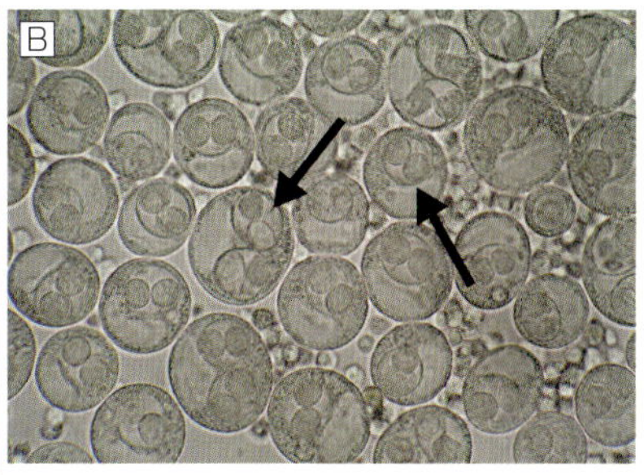

写真4-6　マガキの卵巣肥大症
写真Aのように白い膨隆がみられる。
写真Bの矢印は卵細胞内の虫体を示す。

マガキの卵巣に淡黄色の膨隆が複数みられる症例があります（**写真4-6A**）。かつては「異常卵塊」とも呼ばれていましたが、カキの卵細胞内に寄生するマルテイリア（*Marteilia chungmuensis*）という原虫の感染症であることが分かっています（**写真4-6B**）[4-7]。

マルテイリアはマガキのほか、イワガキやスミノエガキにも感染しますが、卵巣肥大症にはなりません。なお、この寄生虫はパラミクサ門に分類される貝類のみに寄生するという非常に特殊な生物群であり、ヒトに寄生することはありません。

アサリなどのパルヴァトレマ属吸虫

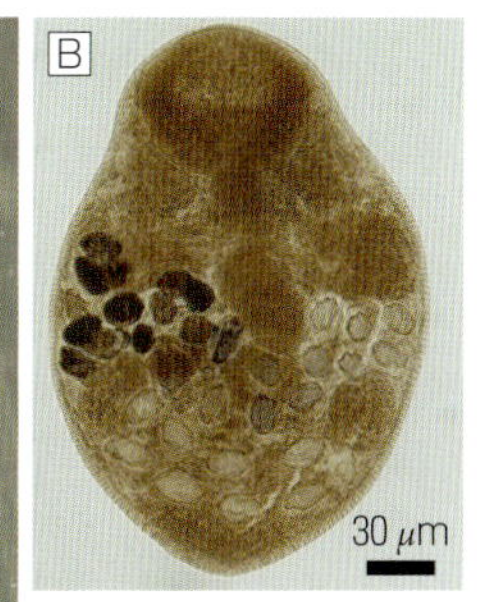

写真4-7　アサリのパルヴァトレマ属吸虫寄生
取り出された異物（写真A）から、外套膜に寄生したパルヴァトレマ属吸虫のメタセルカリア（写真B）がみられる。

アサリを含む二枚貝類の外套膜の内部において、大きさ1 mm程度の異物が多数形成されることがあります（**写真4-7A**）。食べたときにジャリジャリして食味を損なうため問題となります。これはパルヴァトレマ（*Parvatrema*）属吸虫のメタセルカリアが原因です（**写真4-7B**）。

中間宿主である二枚貝に寄生すると宿主反応が誘起され、ゼラチン質または石灰質に覆われて異物を形成すると考えられています[4-8]。

アカガイなどの盤頭条虫

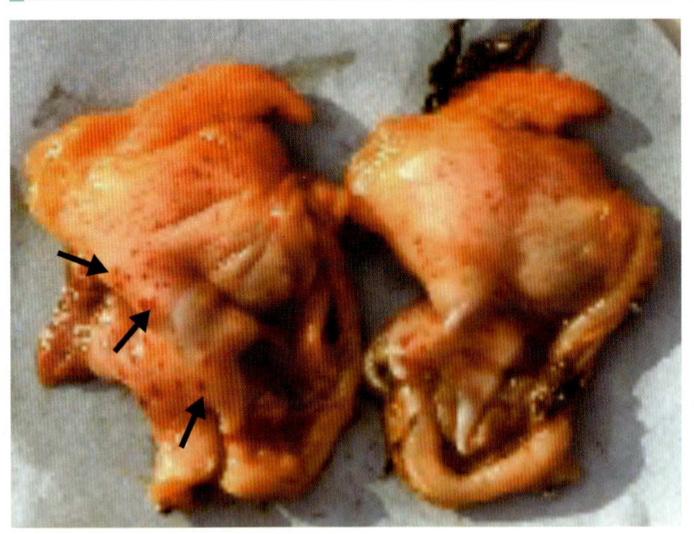

写真4-8　盤頭条虫の寄生を受けたアカガイ

アカガイの体表近くの筋肉部に盤頭条虫（*Tylocephalum* sp.）が寄生して、大きさ1～2mmの赤い斑点がみられることがあります（**写真4-8**）[4-1]。

本虫と同属の条虫はアカガイ以外の貝類にも寄生しますが、アカガイの場合は血中にヘモグロビンを持つため、赤い斑点として認められます。

アサリ・ハマグリなどのカクレガニ

写真4-9　アサリに寄生していたカクレガニ
大きい個体（写真右）がメス、小さい個体（写真左）がオスである。

アサリやハマグリの殻を開けると、大きさ数mmの小さなカニがみられることがあります。これはカクレガニ科のオオシロピンノ（*Pinnotheres sinensis*）です（**写真4-9**）。食べても害はありませんが、あまり身肉がないので、ジャリジャリしておいしいものではありません。

食味を損なうのは確かですが、目でみれば分かる上に可愛らしいカニなので、みつけた場合はむしろ「当たり」ということで楽しむのも一興ではないでしょうか。

アサリなどのカイヤドリウミグモ

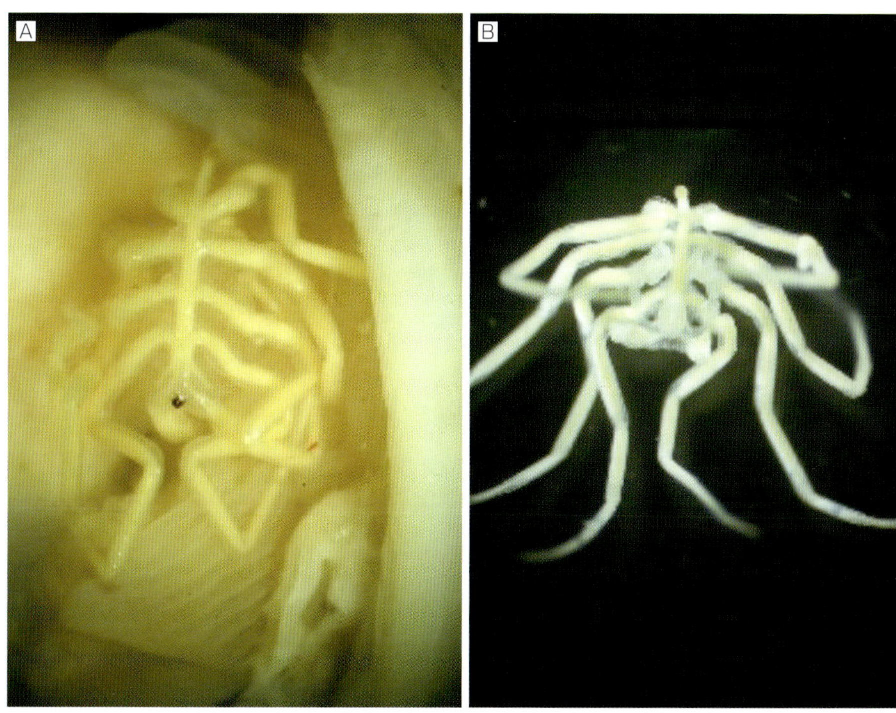

写真4-10　カイヤドリウミグモの寄生
寄生を受けたアサリ（写真A）から写真Bのような虫体が取り出される。

2007年6月末ごろから千葉県木更津市の東京湾岸（盤洲干潟）でアサリの大量死が発生し、カイヤドリウミグモ（*Nymphonella tapetis*）の寄生が原因であることが分かりました[4-9]。木更津では、ウミグモの発生前後で生産量が約10分の1に激減してしまい、潮干狩りにも影響を与えました。

貝の体内にみられる大きさ数mmの虫体は幼生であり、貝の体液を吸って成長します（**写真4-10**）[4-10]。そのため、「海の吸血鬼」とも呼ばれます。成体になると貝の体外に出て自由生活し、産卵しますが、貝の体内で成熟することもあるようです[4-10]。

最近の研究により、アサリへの寄生時期や海域を外して放流することで寄生機会を減少させる方法や、海中に吊るしたカゴにアサリを入れ、海底のウミグモから隔離して育成する垂下式養殖法などが開発されています。なお、ウミグモは陸上に生息するクモ類とは分類学的に全く異なる生物群であり、毒針もないので、たとえ食べてしまったとしても人間には害がありません。

ホタテガイのホタテエラカザリ

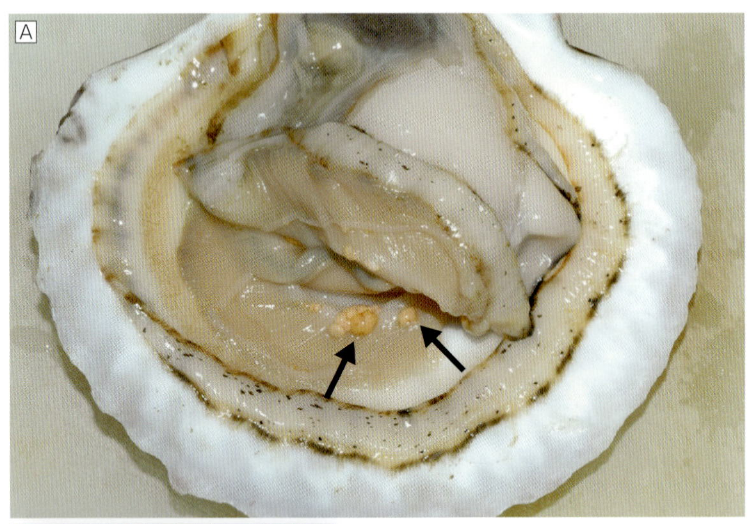

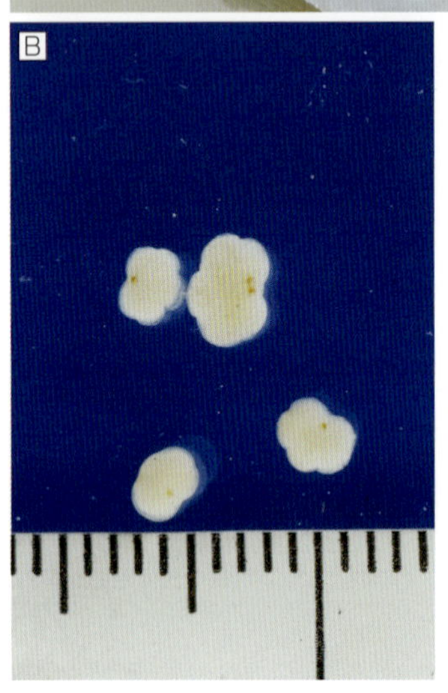

写真4-11　ホタテエラカザリの寄生
写真Aのように寄生を受けたホタテガイからは、写真Bのようなホタテエラカザリの虫体が取り出される。

ホタテガイの鰓に大きさ数mmの黄色い虫体がみられます（**写真4-11A**）。これは寄生性甲殻類（カイアシ類）の仲間で、ホタテエラカザリ（*Pectenophilus ornatus*）といいます（**写真4-11B**）。その名の通り、ブローチのようにホタテの鰓を飾っています。

ホタテガイに寄生しているのは全てメスで、オスはメスの体内に超寄生しています。メスの体は平たい柿形で五葉に分かれており、他のカイアシ類のように体節構造を持たず、特異な形態をしています。

口を宿主の血管に連結させて吸血するため、多数の寄生を受けたホタテガイは痩せて、肥満度が減少すると言われています[4-11]。本種は北海道の南端から三重県までの太平洋沿岸に分布します[4-12]。

ホタテガイの閉殻筋に膿瘍形成する細菌

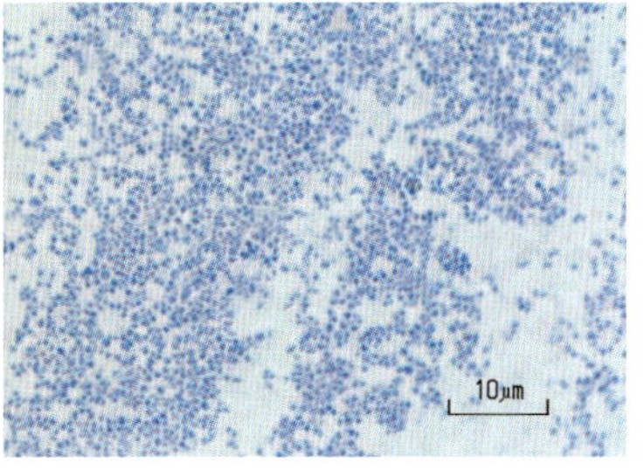

写真4-12 フランシセラ属の細菌による膿瘍が形成されたホタテガイの閉殻筋（A）と塗抹標本（B）

近年、ホタテガイの貝柱にオレンジ色の膿瘍を形成する事例がみられています（**写真4-12A**）。これはフランシセラ・ハリオティサイダ（*Francisella halioticida*、**写真4-12B**）という細菌が原因で、商品価値を失うだけでなく、貝の死亡や成長不良をもたらすとも言われています[4-13]。

この属では人畜共通感染症の原因となる野兎病菌（やとびょうきん）*F. tularensis* が有名ですが、魚介類に感染する種類は30℃以上では増殖できないので、万が一、ヒトが触っても感染することはありません。

ホタテガイの貝殻に穴を空けるゴカイ類

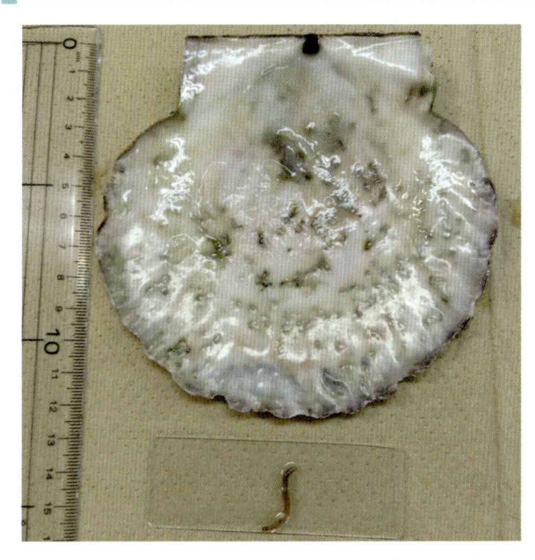

写真4-13 ポリドラ属の多毛類（写真下）により穿孔されたホタテガイの貝殻

以前よりカキやアワビなどのさまざまな貝類の殻に穿孔する多毛類が知られています（**写真4-13**）。これはスピオ科のポリドラ（*Polydora*）属のゴカイ類で、貝の商品価値を低下させるだけでなく、成長阻害や死亡などの悪影響を与えることもあります[4-14]。この多毛類は北海道から東北地方沿岸部における天然および放流（地撒き式）のホタテガイで多く、垂下式養殖では比較的少ない傾向があります。

穿孔部は上側の平らな面（左殻）で特に多く、ゴカイが貝殻に定着して移動するにしたがって孔道が拡張し、貝殻の貫通を避けるためにホタテガイが内側から貝殻を修復した結果、黒色または暗褐色を呈した「ミミズバレ」のような筋としてみられます。

対策として、ゴカイの浮遊幼生が貝殻へ定着する時期に、ホタテガイの放流を避けることが望ましいとされています。

スルメイカの精莢

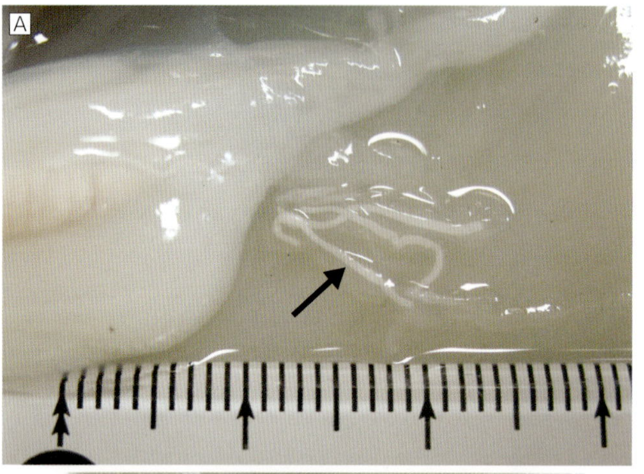

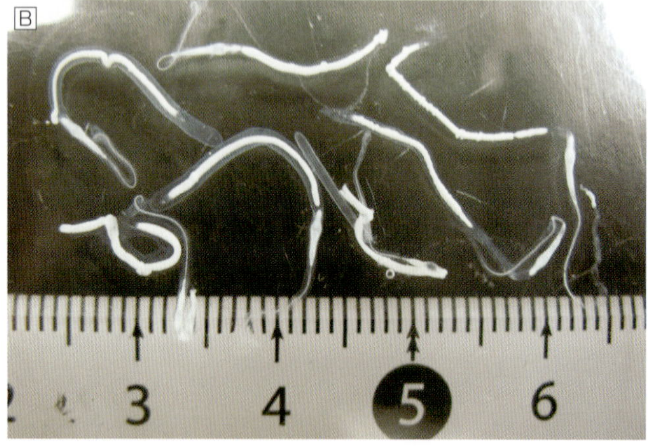

写真4-14　スルメイカの精莢
写真Aは精莢嚢から放出された精莢（矢印）、写真Bは体外に取り出された精莢である。

スルメイカの寄生虫といえば、アニサキスやニベリンジョウチュウがよく知られていますが、イカの精子を誤って飲み込んで口腔内刺傷という外傷を起こす症例もあるので、注意が必要です[4-15]。

イカ・タコ類の交接は、オスが先に成熟して精子を作り、それを精莢（せいきょう）というカプセルに入れてメスに手わたすことにより成立します（**写真4-14**）。イカの精莢はバネ仕掛けのようになっており、物理的刺激により精子が発射されます。精莢の先端は矢尻のような形となっていて、一度刺さるとなかなか抜けないため、ヒリヒリとクラゲに刺されたような痛みをもたらすのです。

ただし、きちんと下処理をして内臓を除去するか、いったん冷凍してから食するようにすれば、問題ありません。また、万が一、発症してしまったとしても、口腔外科に行って除去すれば簡単に治りますので、心配することはありません。

なお、イカ、タコ類では精莢を手わたすときの腕（交接腕）の先端が交接後に切り離されてメスの外套腔内に残り、虫のように動きます。実際、フランスの博物学者キュビエは、これを寄生虫だと勘違いし、ヘクトコチルス（*Hectocotylus*、百疣虫（ひゃくいぼちゅう））という学名まで付けてしまったことは寄生虫学者の間では有名な話です。

― 第5章 ―

人体に有害な寄生虫

アニサキス 5-1

Anisakis simplex

頻度 ★★★

［主な症状・状態］

魚肉に細長い虫体が混入し、人間が生で食すると急性胃腸炎を引き起こす。

［分類・原因］

線虫類：アニサキス・シンプレックス（*Anisakis simplex*）

［部位］

魚類の内臓表面や、まれに筋肉組織内

［肉眼・検鏡観察］

およそ150種の日本産魚介類に寄生しており（**表5-1**）[5-1]、魚体内では肝臓の表面や腹腔内にとぐろを巻いた状態でみつかる（**写真5-1**）。丁寧に摘出すると、活発に動き回る。長さ2〜3 cm、幅0.5〜1 mm程度の白くて細長い虫体をよく観察すると、白い胃の存在が確認できる。

［人体への影響］

食後数時間で、腹部の激しい痛み、または嘔吐（急性胃アニサキス症）、もしくは半日から数日経って腹痛が起こる（急性腸アニサキス症）。まれに蕁麻疹（じんましん）のような症状が出る場合もある（アニサキス・アレルギー）。

［対策］

食材を加熱（60℃で1分以上）または冷凍（マイナス20℃で24時間以上）すればアニサキスは死滅するので、欧米では魚の流通前に冷凍することを法律で義務づけている国もあるが、生食文化の発達している日本では現実的でない。

もともとアニサキスは魚の内臓に寄生しており、漁獲後、鮮度低下に伴って筋肉中に移行してくるのが問題なので、調理の際には内臓をなるべく早めに除去して目視でよく検査すること、保管温度（4℃以下）には十分気を付けることが重要である。近年、魚の切り身に紫外線を照射してアニサキスを光らせ、調理前に目視で検出しやすくする機械が市販されているが、必ずしも完全に除去できるわけではない。

また、食材を選ぶ際は、感染経路（中間宿主となるオキアミ類を摂餌する）から考えて、天然魚より養殖魚の方が安全であること、食べる際は、酢、わさび、生姜、醤油などを通常の濃度で付けても、全く殺虫効果がないことは知っておくべきである。なお、「食べている最中に、よく噛むことで物理的に殺せる」という説もあるが、どれほどの強さで何回噛めばアニサキスが死んで予防できるかという科学的データはないので、眉唾ものである。ただ、万が一、発症しても病院で内視鏡検査をして摘出すればすぐに治る。

表5-1　アニサキス線虫（幼虫）の寄生を受けた日本産魚介類の一覧表

目	科	種
— 硬骨魚類 —		
ソトイワシ目	ギス科	ギス
ウナギ目	ウツボ科	ウツボ
	ホラアナゴ科	ホラアナゴ
	ウミヘビ科	イナカウミヘビ
	アナゴ科	ゴテンアナゴ
		マアナゴ
	ハモ科	ハモ
		スズハモ
ニシン目	ニシン科	マイワシ
		ニシン
		ウルメイワシ
		サッパ
		ヒラ
	カタクチイワシ科	カタクチイワシ
	オキイワシ科	オキイワシ
コイ目	コイ科	マルタ
ナマズ目	アカザ科	アカザ
	ハマギギ科	ハマギギ
サケ目	キュウリウオ科	キュウリウオ
	サケ科	サケ
		ベニザケ
		サクラマス
		カラフトマス
ヒメ目	エソ科	マエソ
		トカゲエソ
		ワニエソ
		ミズテング
ハダカイワシ目	ソトオリイワシ科	ソトオリイワシ
アカマンボウ目	アカマンボウ科	アカマンボウ
	フリソデウオ科	サケガシラ
タラ目	チゴダラ科	イソアイナメ
	タラ科	マダラ
		スケトウダラ
アシロ目	アシロ科	イタチウオ
アンコウ目	アンコウ科	キアンコウ
	ミツクリエナガチョウチンアンコウ科	ビワアンコウ
キンメダイ目	キンメダイ科	キンメダイ
マトウダイ目	マトウダイ科	マトウダイ
	ソコマトウダイ科	ソコマトウダイ
ダツ目	サンマ科	サンマ
スズキ目	メバル科	アヤメカサゴ
		アコウダイ
		ヤナギノマイ
		クロソイ
		ウスメバル
		キツネメバル
	キチジ科	キチジ
	アカゴチ科	アカゴチ
	ホウボウ科	ホウボウ
		カナガシラ
スズキ目（続き）	キホウボウ科	キホウボウの1種
	コチ科	マゴチ
		メゴチ
	スズキ科	スズキ
	ハタ科	アラ
		アカイサキ
		マハタ
		キジハタ
		アオハタ
	キントキダイ科	チカメキントキ
		ゴマヒレキントキ
	アマダイ科	アカアマダイ
		キアマダイ
	ムツ科	ムツ
	コバンザメ科	コバンザメ
	スギ科	スギ
	シイラ科	シイラ
	ギンカガミ科	ギンカガミ
	アジ科	ブリ
		カンパチ
		ヒラマサ
		マアジ
		シマアジ
		ムロアジ
		アカアジ
		マルアジ
		オキアジ
		イケカツオ
		カイワリ
		オアカムロ
	シマガツオ科	シマガツオ
	フエダイ科	ナミフエダイ
		センネンダイ
		ハマダイ
		ヒメダイ
		フエダイの1種
	タイ科	マダイ
		キダイ
		チダイ
		ヘダイ
		クロダイ
	フエフキダイ科	フエフキダイ
	ニベ科	コイチ
		フウセイ
		ヒゲイシモチの1種
	キス科	アオギス
	ヒメジ科	ヒメジ
	カワビシャ科	クサカリツボダイ
	メジナ科	メジナ
	アイナメ科	アイナメ
		ホッケ
	ハタハタ科	ハタハタ
スズキ目（続き）	カジカ科	カジカ
	ゲンゲ科	マユガジ属の1種
	タウエガジ科	タウエガジ
		ナガヅカ
	ミシマオコゼ科	ミシマオコゼ
	ハゼ科	ハゼの1種
	アイゴ科	アイゴ
	カマス科	アカカマス
	クロタチカマス科	バラムツ
		アブラソコムツ
	タチウオ科	タチウオ
	サバ科	マサバ
		ゴマサバ
		クロマグロ
		キハダ
		ビンナガ
		カツオ
		ハガツオ
		サワラ
		カマスサワラ
		ヒラサワラ
		タイワンサワラ
		グルクマ
カレイ目	ヒラメ科	ヒラメ
	カレイ科	マガレイ
		マコガレイ
		アカガレイ
		アサバガレイ
		ウロコメガレイ
		サメガレイ
		ババガレイ
		ヤナギムシガレイ
		メイタガレイ
		ムシガレイ
		ヒレグロ
		マツカワ
		ソウハチ
	ウシノシタ科	クロウシノシタ
フグ目	フグ科	マフグ
		トラフグ
		ショウサイフグ
		カラス
	モンガラカワハギ科	オキハギ
— 軟骨魚類 —		
		アオザメ
		オナガザメ
		エイラクブカ
		イサゴガンギエイ
		ツノザメ属の1種
— 頭足類 —		
		スルメイカ

アニサキスは150種以上の日本産魚介類でみられることが知られており、その寄生率は、スルメイカで2～24%、スケトウダラで59～100%と、魚種間で異なる。アニサキス症の原因としてはサバが多いとされているが、発生状況は地域や年によって違いがみられる。

資料：影井（1974）[5-1]より改変

アニサキスが増えているわけではない

近年の食中毒統計において、アニサキス症の事例数が急速に増加していることが話題となり、生魚の消費が急速に落ち込みました。2007年には全国で6件でしたが、2016年には20倍以上の124件に増えています（**図5-1**）。特に都市部での増加が著しく、東京都では2009年までは年間1～2件でしたが、2016年には21件に急増したとのことです。

アニサキス症は、アニサキス亜科線虫の幼虫が寄生したサバやサケ、イカなどの天然魚介類を生食することで急性胃腸炎を引き起こす寄生虫症です。魚の中では肝臓の表面や腹腔内にとぐろを巻いた状態でみつかりますが、摘出すると活発に動き始めます（**写真5-1、5-2**）。ただし食材を加熱または冷凍（マイナス20℃以下、24時間以上）すれば虫体は死滅するので、オランダではニシンを冷凍するよう法律で義務付けた結果、アニサキス症が激減したという話もあります。

しかし日本では魚介類を刺身や寿司として生食する文化が定着しており、法律により規制するのは難しいと思われます。そうはいっても、水産物の安全・安心という観点から、近年のアニサキス症の増加はあまりイメージの良いものではありません。

なぜこれほどアニサキス症が増えてきたのでしょうか。その原因として、第1に冷蔵技術が発達して都市部でも新鮮な魚介類を食することができるようになったことがあげられます。鮮魚専門店が魚市場の競りを介さず、産地の業者から直接買い付ける「産地直送」など、流通の多様化が大きな要因です。特にサンマなどが、東京でも「刺身用」として店頭に並ぶようになったのはつい最近のことです。

第2には、医師の診断技術の向上と保健所への報告の義務化があります。1999年に食品衛生法施行規則の一部が改正され、アニサキス症も食中毒として医師が保健所に届け出なければならない対象となりました[5-2]。ただし、実際に発生しているのは届け出のあった件数よりはるかに多く、年間7,000件を超えるのではないかとも言われていましたので、統計が少しずつ実態を反映するようになってきただけかもしれません。

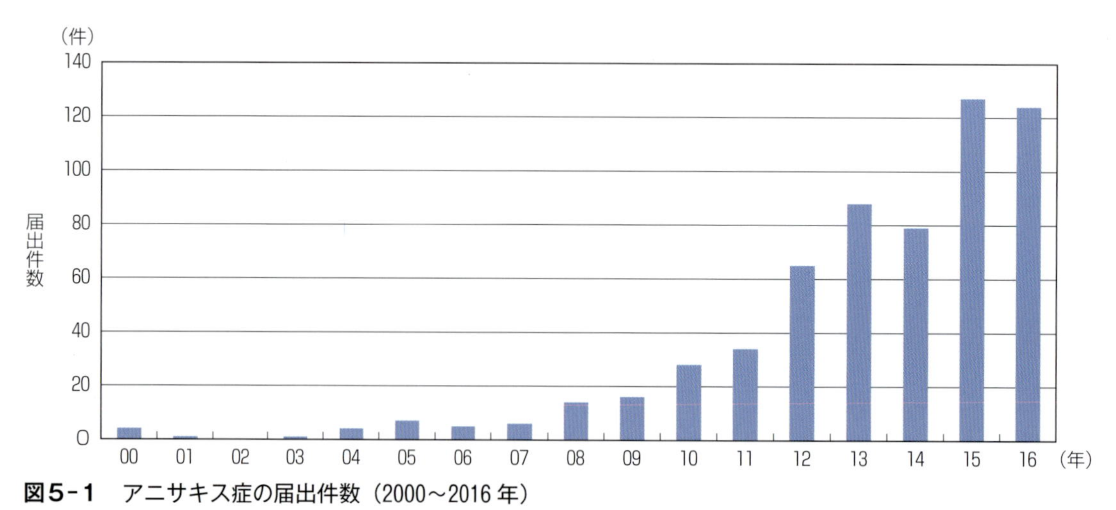

図5-1　アニサキス症の届出件数（2000～2016年）

資料：厚生労働省「食中毒統計」

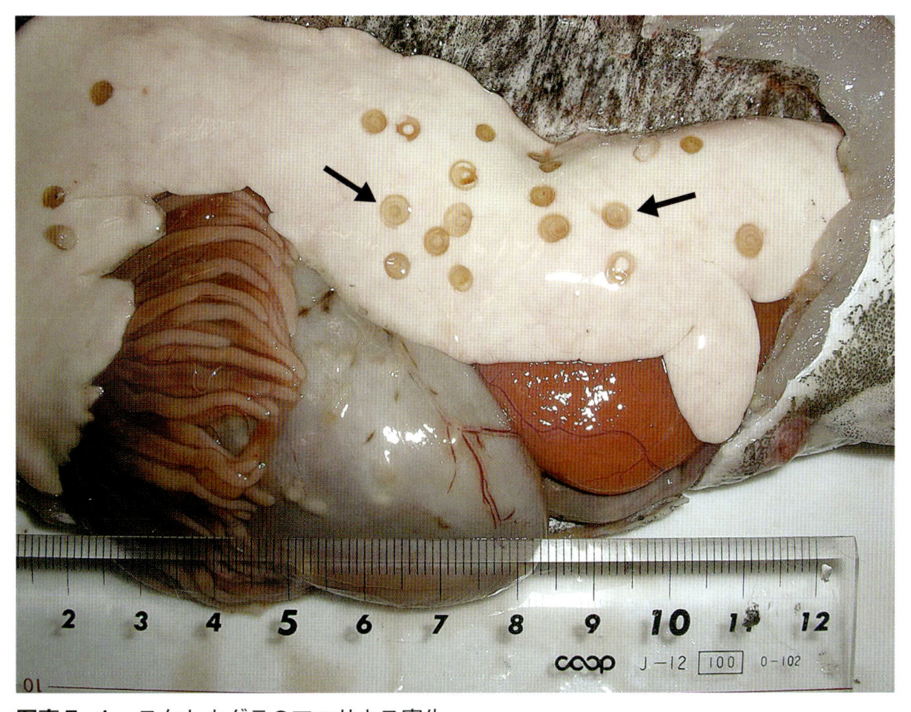

写真5-1　スケトウダラのアニサキス寄生
スケトウダラに寄生しているアニサキス・シンプレックスの幼虫は、魚の肝臓の表面や腹腔内にとぐろを巻いた状態でみられる。

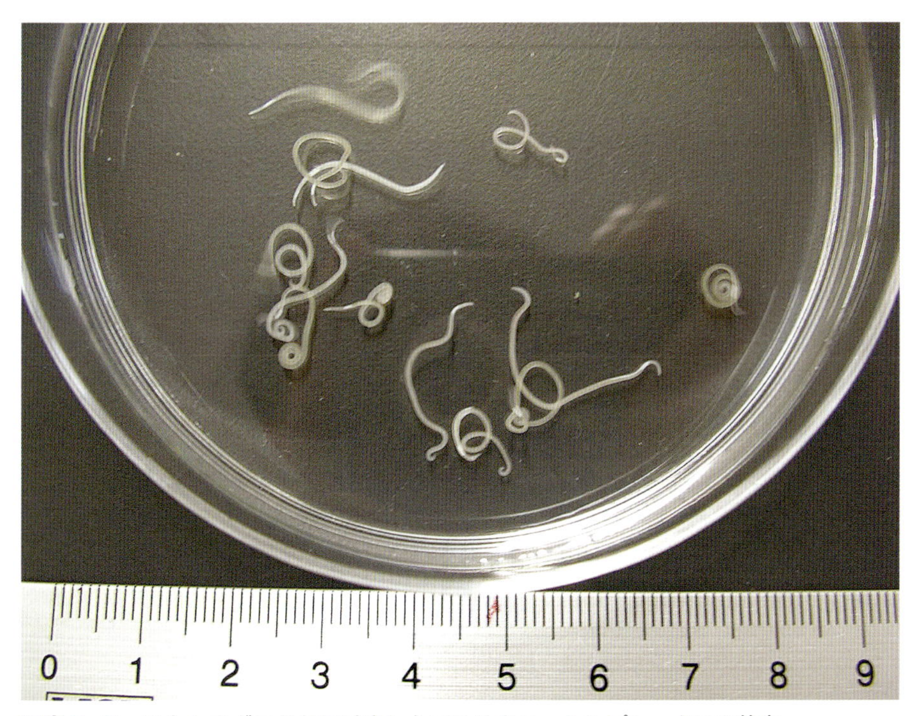

写真5-2　スケトウダラから取り出したアニサキス・シンプレックスの幼虫
アニサキス・シンプレックスの幼虫を魚の体内から摘出すると活発に動き始める。

養殖魚は寄生虫感染リスクが低い

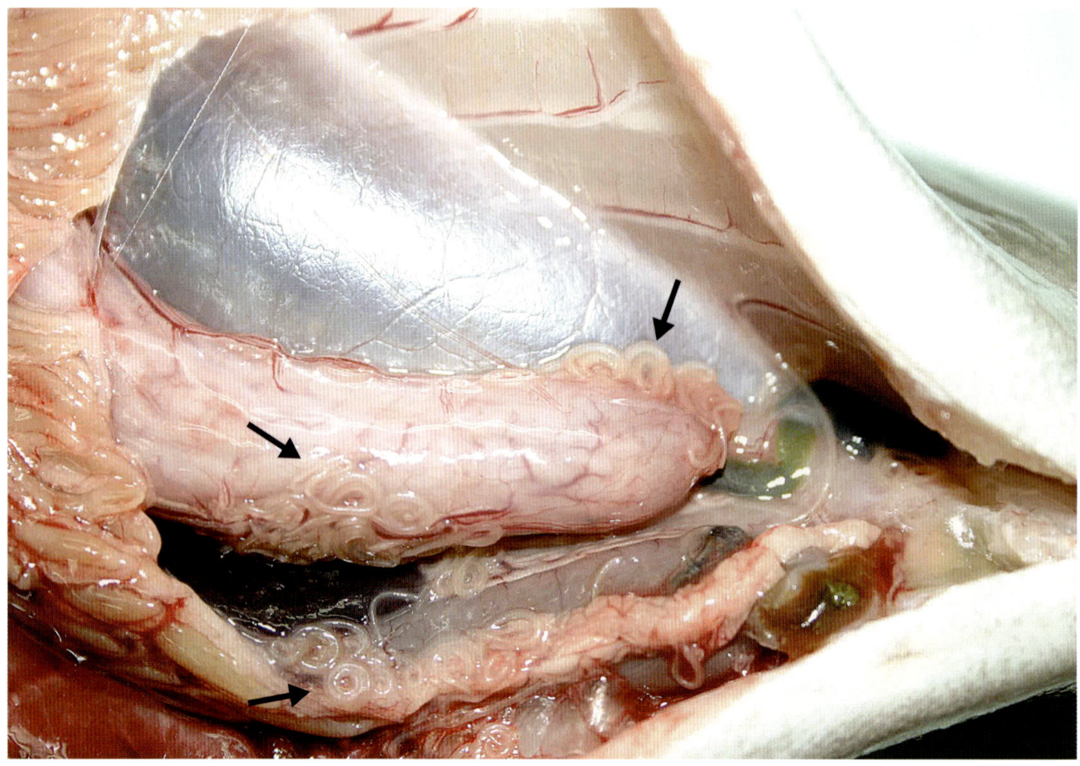

写真5-3　養殖カンパチの内臓に寄生していたアニサキス・ペグレッフィの幼虫
中国での育成時に与えられたカタクチイワシなどの生餌が感染源となり、その種苗を輸入して育てた養殖カンパチでアニサキスの寄生がみられたと推測されている。

●2005年以降は全く発生していない

2005年、養殖カンパチにおいてアニサキスの寄生が高い確率でみつかるという事例が発生し、大騒ぎになりました（**写真5-3**）[5-3]。このカンパチ種苗はもともと中国産でしたが、現地での育成時におそらくカタクチイワシなどの生餌を与えていたことが感染源であると推測されています。

そこで、「これらの養殖カンパチは冷凍してアニサキスを殺滅してから出荷する」という通知が厚生労働省から出されました。それまでアニサキス症は天然魚のみの問題とされていたため、この事例の発生と厚生労働省の対応は養殖業界に大きな衝撃を与えました。

しかし、養殖魚によるアニサキス騒動は、前にも後にもこれ一度きりであり、基本的には養殖魚は安全であると言えます。サケ・マス類についても、天然魚は寄生率が50～100％と高く、さらに多くが筋肉内に寄生しているのに対して、養殖魚は（少なくとも国産については）アニサキスの寄生例がありません[5-4]。

●養殖魚のメリット

時代は移り変わっており、最近は週刊誌でも「安全なのは天然魚よりも養殖魚」という内容の記事が掲載されています[5-5]。

養殖魚の優位性として、年間を通して品質が安定であることや、ダイオキシンや水銀などによる汚染度が低いことなどがあげられましたが、寄生虫感染のリスクが低いことも追加して良いと思います。

アニサキスの分類

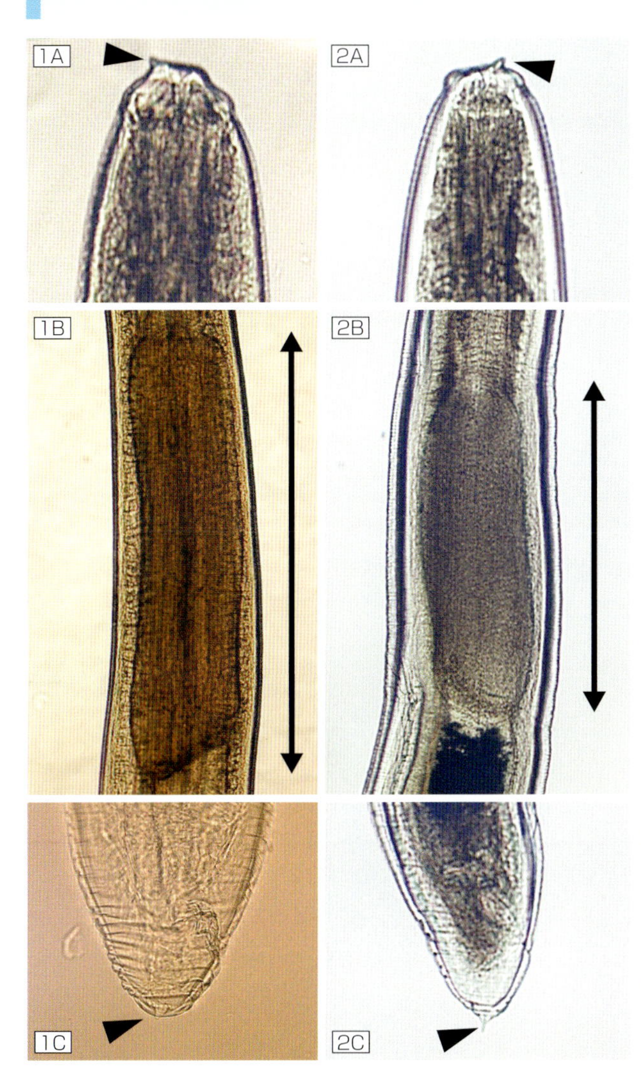

写真5-4　アニサキス2種の特徴
アニサキス・シンプレックスの頭部（写真1A）、胃部（写真1B）、尾部（写真1C）と、アニサキス・ペグレッフィの頭部（写真2A）、胃部（写真2B）、尾部（写真2C）。頭部の矢頭は穿歯、尾部の矢頭は尾端小棘を指す。ペグレッフィの方がシンプレックスより胃がやや短い（矢印）。

●シンプレックスとペグレッフィ

アニサキス症の原因虫として、クジラ類を終宿主とするアニサキス・シンプレックス（*Anisakis simplex*）とアニサキス・フィセテリス（*A. physeteris*）、アザラシやトドを終宿主とするシュードテラノーバ（*Pseudoterranova decipiens*）が知られていますが、もっとも症例が多いのはアニサキス・シンプレックスです（**写真5-4**）。

さらに最近の分子生物学的研究により、アニサキス・シンプレックスは3種の同胞種（形態で区別することは難しいが遺伝的には異なる種）に分類できることが分かってきました。それは、①アニサキス・シンプレックス・センス・ストリクト（*A. simplex* sensu stricto（s. s）＝狭い意味でのアニサキス・シンプレックス）、②アニサキス・ペグレッフィ（*A. pegreffii*）および③アニサキス・バーランディ（*A. berlandi*）の3種です。

しかし、アニサキス・バーランディは日本近海にはほとんどいないため、ここではアニサキス・シンプレックス・s. s.（以下、シンプレックス）と、アニサキス・ペグレッフィ（以下、ペグレッフィ）の2種に絞って話を進めていきます。

アニサキス線虫の分類は、基本的には形態的特徴（胃部の長さや尾端小棘の有無など）に基づいてなされますが、幼虫を形態で分類することは一般に困難です。ペグレッフィはシンプレックスに比べて、体長に対する胃長の割合がやや短いとされていますが（**写真5-4**）、この差異は非常に微妙です。

そこで、PCR-RFLP法（ある遺伝子領域のPCR産物を制限酵素で切断して、その長さのパターンで識別する方法）という分子生物学的手法が用いられています。

無害なアニサキスもいる

さて、これらアニサキス・シンプレックスを同胞種レベルで分類することは、食品衛生学的にも意味があります。なぜなら、シンプレックスとペグレッフィでは、ヒトへの病害性に大きな違いがあるからです。

マサバの部位別にアニサキスの寄生率を調べた結果、筋肉に寄生していた虫体数の比率は、シンプレックスで11.1％、ペグレッフィで0.1％と、100倍も差があったという報告があります[5-6、5-7]。また、常温でマサバを放置すると、シンプレックスは内臓から筋肉に移行し始めますが、ペグレッフィは温度が上がってもほとんど筋肉に移動しません[5-6]。さらに寒天培地上でアニサキスの侵入率を調べる実験でも、ペグレッフィの方が基質への侵入力が顕著に弱かったとされています[5-6、5-7]。

●ペグレッフィはリスクが低い

つまり、ペグレッフィは魚の筋肉にほとんど存在しないので、そもそも口に入るリスクが低く、またたとえ食べてしまったとしても、人間の消化管壁に侵入する力が弱いため、人体症例の原因になりにくいのだと説明されています。

事実、日本国内のアニサキス症患者の99％はシンプレックスが原因であり、ペグレッフィは非常にまれです[5-6]。2005年にメジマグロの生食によるペグレッフィの食中毒事例が起きているので[5-6]、ゼロではありませんが、シンプレックスに比べれば、ペグレッフィは「無害なアニサキス」と言えます。

●地域によって種が異なる

また、シンプレックスとペグレッフィは、日本国内における地理的分布にも明確な違いがあります。北海道から本州の太平洋側で漁獲される魚にはほとんどシンプレックスが、九州北部から日本海沿岸の魚にはほとんどペグレッフィが寄生しています（**図5-2**）[5-7、5-8]。この違いは、終宿主となるクジラ類の生息域、もしくは適正水温の違いによると考えられています。

ちなみに、前述の中国産種苗由来の養殖カンパチに寄生していたのはペグレッフィでした。それを考慮すると、あれほど大騒ぎする必要はなかったのかもしれません。

アニサキス症の対策

91頁の**表5-1**にも示した通り、アニサキスは150種以上の日本産魚介類でみられることが知られており、寄生率はスルメイカで2～24％、スケトウダラで59～100％などと、魚種間で異なります[5-4]。実際にアニサキス症の原因となるのはサバが多いとされていますが、地域や年によって違いもみられ、サンマによる症例が多い年もありました。

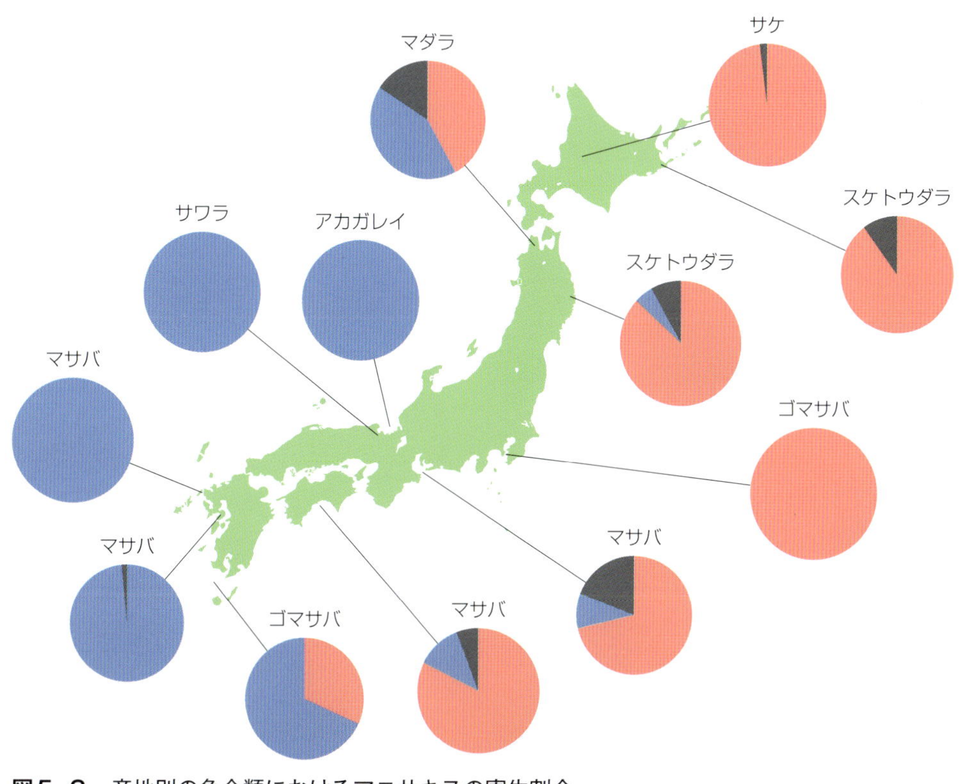

図5-2　産地別の魚介類におけるアニサキスの寄生割合
アニサキス・シンプレックス　s. s.（赤）とアニサキス・ペグレッフィ（青）の割合を示す。黒は他の種類を指す。　資料：Quiazon et al. (2011)[5-8]より再構成

これら発生リスクの高い魚種、特に北海道から東日本で漁獲される魚には注意する必要があります。

●保管温度を4℃以下にする

具体的には、まず流通、販売の現場では、アニサキスが筋肉へ移行しないよう、保管温度（4℃以下）には十分気をつけなければなりません。

●目視が最も大事

また従来から言われているように、調理の際には内臓を早めに除去し、目視でよく検査することが大事です。

近年、アニサキスが自家蛍光を発することを利用し、切り身に紫外線を照射してアニサキス自体を光らせ、調理の前に目視で検出しやすくする機械が市販されています。しかし、切り身の表面にたまたまアニサキスがいなければならないため、光らなかったからといって未寄生であることを証明したことにはならないので、注意しておく必要があるでしょう。

●酢でしめても殺虫効果はない

また、アニサキスはクジラ類の胃の中で発育するため、酸には抵抗力があります。つまり、サバを酢でしめても殺虫効果はなく、実際、シメサバによる事例が多いことは知っておいた方が良いでしょう。

なお、わさび、生姜、醤油などを使っても、通常の濃度ではアニサキスの殺虫効果は全くありません。

近年、ヒト用の胃腸薬でおなじみの「正露丸」がアニサキスの活動を抑える効果があるとして、特許が取得されました。しかし、これをアニサキス症の予防・治療薬としてうたうと薬機法に抵触するため、「痛みを緩和する」程度

に活用すべきです。

●**内視鏡検査ですぐ治る**

そして万が一、発症しても病院で内視鏡検査をして摘出すればすぐに治ります。

以上のように、アニサキスに関する正しい情報を周知しておくべきです。

発症のメカニズム

本来は終宿主のクジラ類に寄生するはずのアニサキスが、「異常な宿主」である人間の消化管内に取り込まれ、胃壁や腸管壁に穿孔するために激しい痛みを伴うとされていました。しかし近年、アレルギー反応が原因の場合もあることが示されています[5-9]。

従来みられた青魚による蕁麻疹（じんましん）のうち、ヒスタミン中毒と考えられていたものの多くが、実はアニサキス・アレルギーだったのではないかという人もいます。そうだとすれば、アレルゲンは冷凍、加熱しても残存するため、加工、調理したものでも発症する可能性があります。また、アレルギー体質の人ほどかかりやすい傾向があることになります。

アニサキスの分布の違いが生んだ食文化

「九州ではマサバもゴマサバにするらしい」という会話を聞いて、東京生まれの筆者は最初、何のことかさっぱり理解できませんでした。この「ゴマサバ」とは、サバの1種の「ゴマサバ」ではなく、博多の地方料理としての「胡麻鯖」のことだったのです。

胡麻鯖はサバの刺身を醤油や炒りゴマなどと和えたものですが、九州北部のサバに寄生しているアニサキスは「無害な」ペグレッフィです。そのため、九州の人はサバを生で食することに何の抵抗もないそうで、食文化として根付いたと考えられます。

一方、アニサキスのほとんどがシンプレックスである北海道では、サケを冷凍・解凍してから食べる「ルイベ」は理に適っていると言えます。その他、イカそうめんやアジのたたきも、もともとはアニサキスを切り刻んで殺すための調理法だったという説もあります。寄生虫のリスクを避けるための先人の知恵が、現代の食文化の多様性を生んだのかもしれません。

大型寄生虫 5-2

頻度 ★

Macroparasites

[分類・原因]

吸虫、条虫、線虫などの寄生を受けた、主に淡水性の魚介類

[部位]

ヒトの消化器系、呼吸器系、まれに神経系

[人体への影響]

寄生虫を保有する魚介類を生で摂取することにより、腹痛や下痢、発咳や血痰といった症状から、皮膚爬行症、失明や脳障害など、重大な症状をもたらすものまである。ただし自覚症状がない場合もある。

[対策]

寄生虫症の種類によって異なるが、共通の予防対策は、後述する危険な食材を生で食べないこと、すなわち、十分な冷凍または加熱調理することである。

また、行政機関は継続的なモニタリング調査を行って結果を情報開示すること、販売・外食業者は調理の際の目視検査を徹底するとともに、必要に応じて食材の加熱・冷凍など殺虫処理を実施することが重要である。

表5-2　人体に有害な寄生虫

寄生虫名	感染源	症状
ヨコガワキュウチュウ（横川吸虫） (*Metagonimus yokogawai*)	アユ、シラウオ	腹痛、下痢（無症状の場合も多い）
ミヤタキュウチュウ（宮田吸虫） (*M. miyatai*)	アユ	腹痛、下痢（無症状の場合も多い）
タカハシキュウチュウ（高橋吸虫） (*M. takahashii*)	コイ、フナ	腹痛、下痢（無症状の場合も多い）
肺吸虫（ウェステルマン肺吸虫［*Paragonimus westermani*］と宮崎肺吸虫［*P. miyazakii*］）	モクズガニ、サワガニ、チュウゴクモクズガニ（上海ガニ）	発咳、血痰、胸痛
肝吸虫（*Clonorchis sinensis*）	モツゴなど淡水魚	肝硬変（無症状の場合も多い）
有棘顎口虫（*Gnathostoma spinigerum*）	ライギョ、ドジョウ、ナマズ	皮膚爬行症、脳障害、失明
剛棘顎口虫（*G. hispidum*）	ドジョウ	皮膚爬行症、脳障害、失明
日本顎口虫（*G. nipponicum*）	ドジョウ、ブラックバス	皮膚爬行症、脳障害、失明
日本海裂頭条虫 (*Dibothriocephalus nihonkaiensis*＝*Diphyllobothrium nihonkaiense*)	サクラマス、サケ（トキシラズ）	腹痛、下痢（無症状の場合も多い）
クジラ複殖門条虫 (*Diphyllobothrium balaenopterae*＝*Diplogonoporus balaenopterae*)	シラス？サバ？カツオ？*	腹痛、下痢
旋尾線虫の1種 (*Crassicauda giliakiana*)	ホタルイカ	皮膚爬行症、腹痛や嘔吐（腸閉塞）
アニサキス (*Anisakis simplex* s.s.)	イカ、サバ、サンマなど多くの海産魚介類	腹痛
ナナホシクドア (*Kudoa septempunctata*)	ヒラメ	下痢、嘔吐

*状況証拠的に示唆されている

横川吸虫（アユなど）

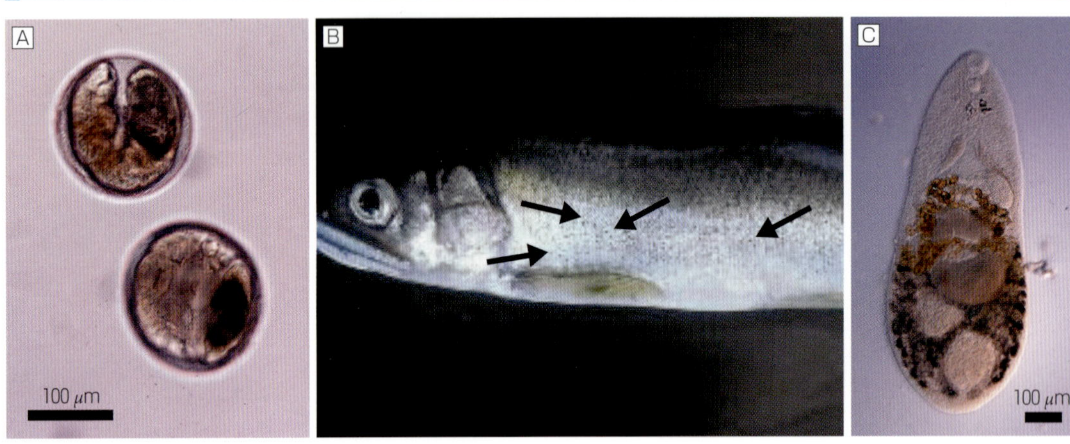

写真5-5　横川吸虫類
写真Aはメタセルカリア幼虫で、アユ（写真B、矢印がメタセルカリア）に寄生する。写真Cは成虫である。

アユなどの淡水魚のウロコや皮下および筋肉に被嚢幼虫（メタセルカリア）として寄生している吸虫の1種（*Metagonimus yokogawai*）です（**写真5-5A**）。厳密に言うと、アユのウロコには宮田吸虫（*M. miyatai*）が寄生しており、コイやフナに寄生しているのは高橋吸虫（*M. takahashii*）です。しかし、これら3種の間で臨床的な症状に大きな差異はないため、種鑑別の必要性は軽視されています。

生活環は、第1中間宿主の巻貝（カワニナ類）からセルカリアという発育ステージが遊出し、第2中間宿主である魚類（アユ、シラウオ、ウグイ、フナ、コイなどの淡水魚）に侵入してメタセルカリアとなり、終宿主である哺乳類や鳥類が捕食することで成虫になります。魚に害はありませんが、寄生部位にメラニンが沈着して黒くみえる場合があり、黒点病とも言われます（**写真5-5B**）。感染魚をヒトが経口摂取すると小腸に寄生しますが、成虫でも体長1～2mmと小さいので（**写真5-5C**）、病害性は弱く、多くの場合は自覚症状もありません。ただし、多数寄生を受けると腹痛や下痢を起こすだけでなく、慢性カタル性腸炎の原因になるとも言われています。

以前、横川吸虫はアユの生食（背ごし）により寄生する事例が多いと言われてきました。しかし、背ごしはどちらかというと高級料理であり、一般人の食べ物ではありません。某県のある官庁で、職種別に横川吸虫の寄生率を調べたところ、上級職ほど高かったという話は有名です。これは、高級料亭に行く回数を反映しているのではないかと考えられました[5-10]。

最近では、横川吸虫の感染源は主にシラウオであるとされています。1998年から実施された茨城県霞ヶ浦における生食用シラウオの寄生状況調査の結果、横川吸虫が高い確率で寄生していることが確認されたことから[5-11]、2000年7月以降、関係団体が自主的に「加熱調理用」と表示し、販売しています。

ところが近年、霞ヶ浦産シラウオにおいて、横川吸虫の寄生はほとんどみられなくなっています[5-12]。そこで、再び生食用に販売されることが決まったようです。そもそも病原性が低い寄生虫のため、あまり深刻に考える必要はありませんが、継続的なモニタリングが功を奏して生食が復活するのは喜ばしい限りです。

日本海裂頭条虫（サケ科魚類など）

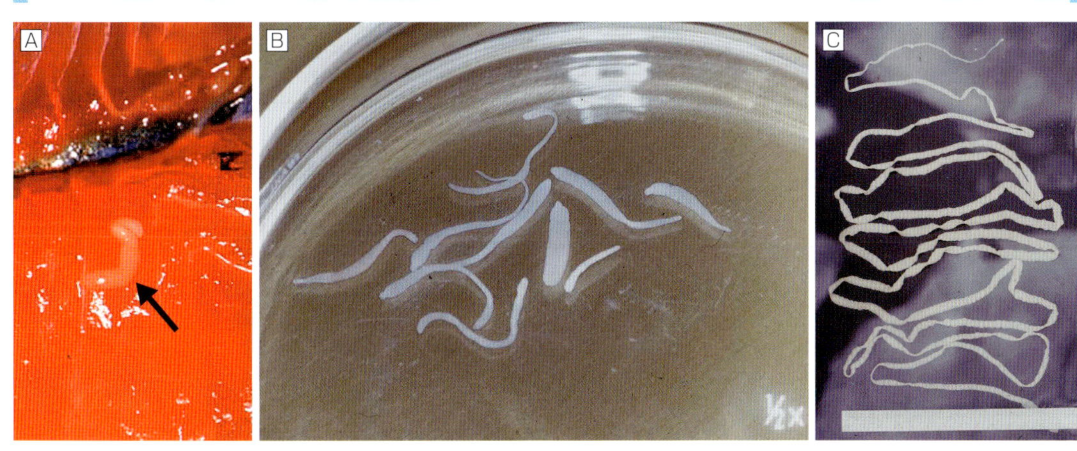

写真5-6　日本海裂頭条虫
サクラマスではプレロセルコイド幼虫（写真A、B）がみられる。写真Cは人体から取り出した成虫を示す。

サクラマスなどの第2中間宿主となるサケマス類の筋肉に、プレロセルコイド幼虫として寄生しているサナダムシの1種（*Dibothriocephalus nihonkaiensis*＝*Diphyllobothrium nihonkaiense*）です。幼虫は1～2cm程度で、白色の虫体としてみられます（**写真5-6A、B**）。ちなみに、以前は海外に分布する広節裂頭条虫（*Dibothriocephalus latus*＝*Diphyllobothrium latum*）と同種だと考えられていましたが、近年の研究により、日本周辺に分布する個体群は独立種だと判明しました。

本虫を摂食すると、ヒトの小腸に寄生して数mに成長し（**写真5-6C**）、下痢や腹痛が起こる場合もあります。ただし、本虫は組織への侵入性はないので、大型の割に症状は軽く、肛門から自然に垂れ下がって出てきたことで、初めて気づく場合も多いようです。

しかし、医者に行くのをためらっていると、サナダムシは気づかないうちに成長します。最近では、香川県在住の17歳の女性が10カ月以上も寄生を放置した結果、体長11mの日本海裂頭条虫が2匹も採集されたという症例がありました[5-13]。これは、（公財）目黒寄生虫館（東京都目黒区）に展示されている全長8.8mの標本を超える日本最大級の虫体と言われています。

目黒寄生虫館の初代館長の亀谷了先生による「寄生虫館物語」でも、女子高生に寄生していたサナダムシの話が登場します[5-14]。薬（プラジクアンテル）で簡単に駆虫できるので、寄生が疑われた場合は恥ずかしがらず、早めに医療機関で受診すること、サケマス類の肉を生で食べないことが最善です（「ルイベ」は殺虫に有効な食べ方である）。

生活環について、以前は第1中間宿主が淡水のケンミジンコ類、終宿主は人を含む陸上哺乳類とされていました。しかし、その後の研究により、魚類への侵入は河川ではなく海洋で起きていること（すなわち、海産の甲殻類と推定されるが不明）、つまり、生活環は海の中だけで完結していることが強く示唆されています[5-15]。従って、淡水で養殖されるニジマス、イワナ、ヤマメなどは本虫に寄生する危険性が全くないことになり、事実、それらの淡水養殖サケマス類を食べて本虫にかかった症例はありません。

旋尾線虫の１種（ホタルイカ）

写真5-7　ホタルイカから摘出された旋尾線虫

ホタルイカの内臓に寄生している線虫の１種（*Crassicauda giliakiana*）　で、１cm×0.1mmと非常に細く小さい虫です（**写真5-7**）。ホタルイカに寄生しているのは幼虫であり、終宿主はツチクジラです。

ホタルイカを生で食べると、１～３日以内に幼虫が人体内を這いずり回る幼虫移行症を呈します。症状には、皮膚に「ミミズ腫れ」ができる皮膚爬行（はこう）症と、腹痛や嘔吐を伴う腸閉塞を起こす場合の２タイプがあります。いずれにしろ、虫体は極めて小さいため、アニサキス症のように内視鏡で確認して摘出するのは困難です[5-16]。

1987年以降、主産地である富山湾から全国へホタルイカが生きたまま輸送されるようになったことで、患者数が急増しました。それを受けて、2000年６月、厚生省（現・厚生労働省）の通達により、生食の場合は冷凍（マイナス30℃・４日間以上）または内臓を除去して提供することになりました。もちろん、加熱処理（沸騰水で30秒、もしくは中心温度60℃以上）も有効です。

以前、ホタルイカにおける旋尾線虫の幼虫寄生率は６～７％という報告がありました[5-17]。これを踏まえると、ホタルイカは通常21杯１セットで販売されているので、確率的に全てのセットに寄生虫が存在することになります。

しかし、その後の長期にわたる調査の結果、平均寄生率は2.5％程度であることが分かってきています。いずれにせよ、ホタルイカを生食したり「踊り食い」したりすることは慎むべきでしょう。

肺吸虫（モクズガニ、サワガニなど）

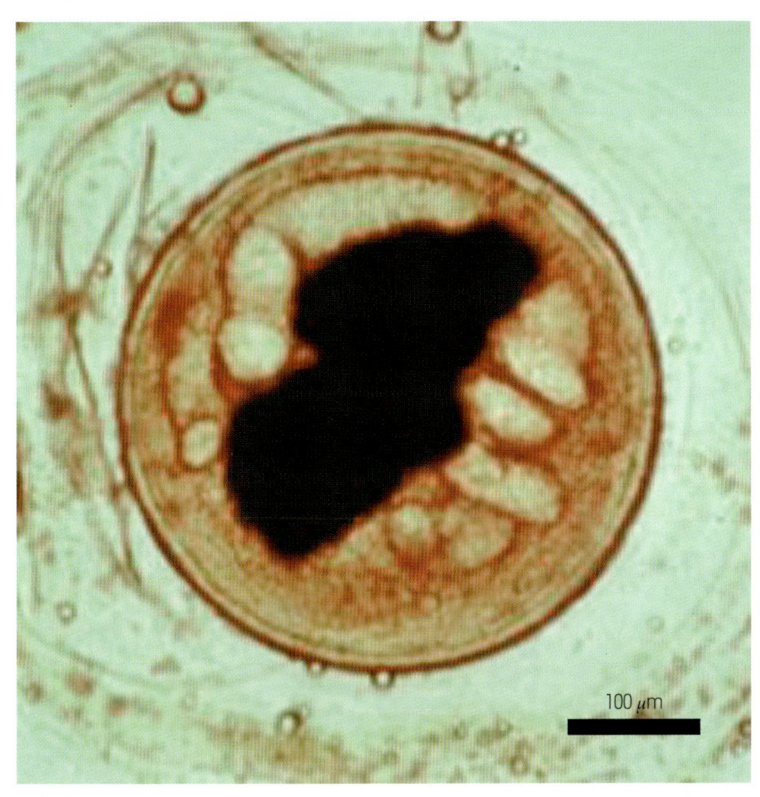

写真5-8　宮崎肺吸虫

ウェステルマン肺吸虫（*Paragonimus westermani*）や宮崎肺吸虫（*P. miyazakii*）などが知られています（**写真5-8**）。淡水産のカニ類（モクズガニやサワガニ）の生食によりヒトの体内に取り込まれ、腸から肺に移動して寄生し、発咳、血痰、胸痛を起こします。脳に侵入すると、頭痛、嘔吐、てんかん様発作、視力障害を伴う場合もあります。

肺吸虫の卵は水中で発育してミラシジウムとなり、第１中間宿主の淡水巻貝の中でスポロシスト、レジア、セルカリアとなって脱出し、第２中間宿主である淡水カニの体内でメタセルカリアとなります。

以前は、カニを調理した際に、包丁やまな板に付着したメタセルカリアを経口摂取することで寄生すると言われていました。しかし最近では、淡水ガニを食用とする東南アジア系の飲食店で、十分に加熱調理されずに供された料理により発症する事例が起きています[5-18]。

チュウゴクモクズガニ（上海ガニ）の宿主とする吸虫は、以前はベルツ肺吸虫（*P. pulmonalis*）という別種とされていましたが、現在ではウェステルマン肺吸虫と同種とする研究者もいます。いずれにしろ、生のまま甲羅を割ると、飛び散ったカニミソや体液が食器などに付着して感染する危険性があります。また、カニを老酒（紹興酒）に漬けた「酔蟹」から寄生した例も知られています。

対策としては、淡水のカニ類を生食しないことです。そのほか、包丁やまな板など、調理器具を介した二次感染にも注意が必要です。治療には、プラジクアンテルやビチオノールが有効です。

顎口虫（ライギョ、ドジョウ、ナマズなど）

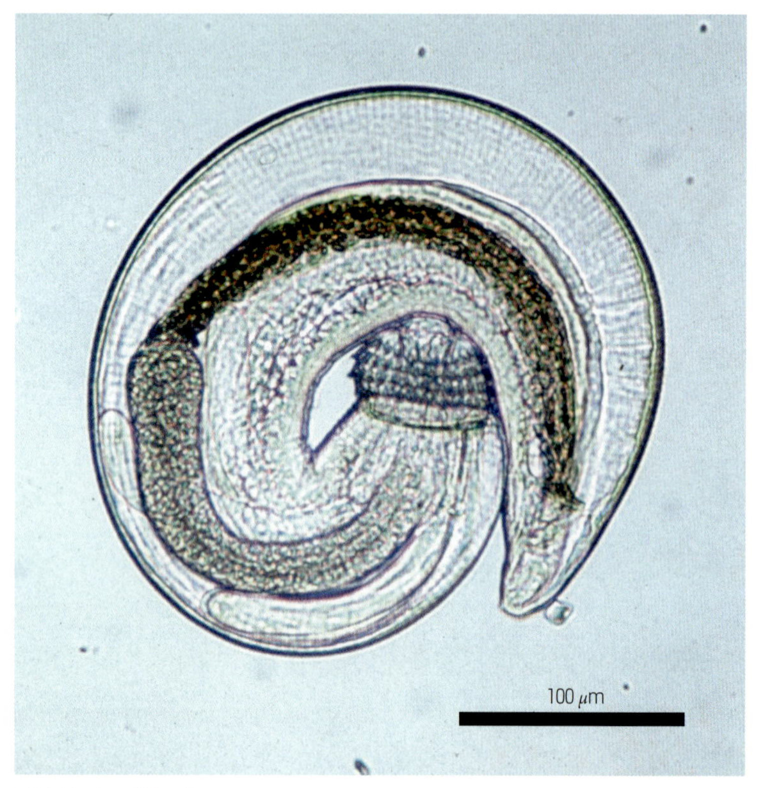

写真5-9 顎口虫

頭部に多数の鉤のある頭球を有する顎口虫科線虫の仲間で、ライギョ、ドジョウ、ナマズなどに寄生する有棘顎口虫（*Gnathostoma spinigerum*）、輸入ドジョウに寄生する剛棘顎口虫（*G. hispidum*）、ドジョウやブラックバスに寄生する日本顎口虫（*G. nipponicum*）イノシシやヘビに寄生するドロレス顎口虫（*G. doloresi*）が知られています（**写真5-9**）[5-18]。

生活環は、第1中間宿主がケンミジンコ類、第2中間宿主がライギョやドジョウなどの淡水魚や両生類および爬虫類、終宿主がイヌやネコ、ブタ、イノシシ、イタチなどの哺乳類です。原因食材は時代とともに変化しており、第2次世界大戦中から戦後にかけてはライギョの生食、1980年代にはドジョウの「踊り食い」、最近ではブラックバスや各種淡水魚の生食によることが多いとみられます。

本来の宿主ではないヒトの体内に入ると成虫になることができず、幼虫のまま皮下を移動し続ける皮膚爬行症を呈し、通った跡が「ミミズ腫れ」となります。また、眼や脳に迷入すると、失明や脳障害など、重大な症状を起こす場合もあります。まれに腸管出血や心筋梗塞の原因にもなります。外科的に摘出するのが最善とされています。予防法としては、先述のような淡水魚の生食を避けることです。特にドジョウの「踊り食い」や、マムシやカエルの生食など、いわゆる「ゲテモノ食い」は避けるのが無難です。外科的摘出が難しい場合は、メベンダゾールやアルベンダゾールを服用します。

クジラ複殖門条虫（イワシ、アジ、サバ、カツオなど）

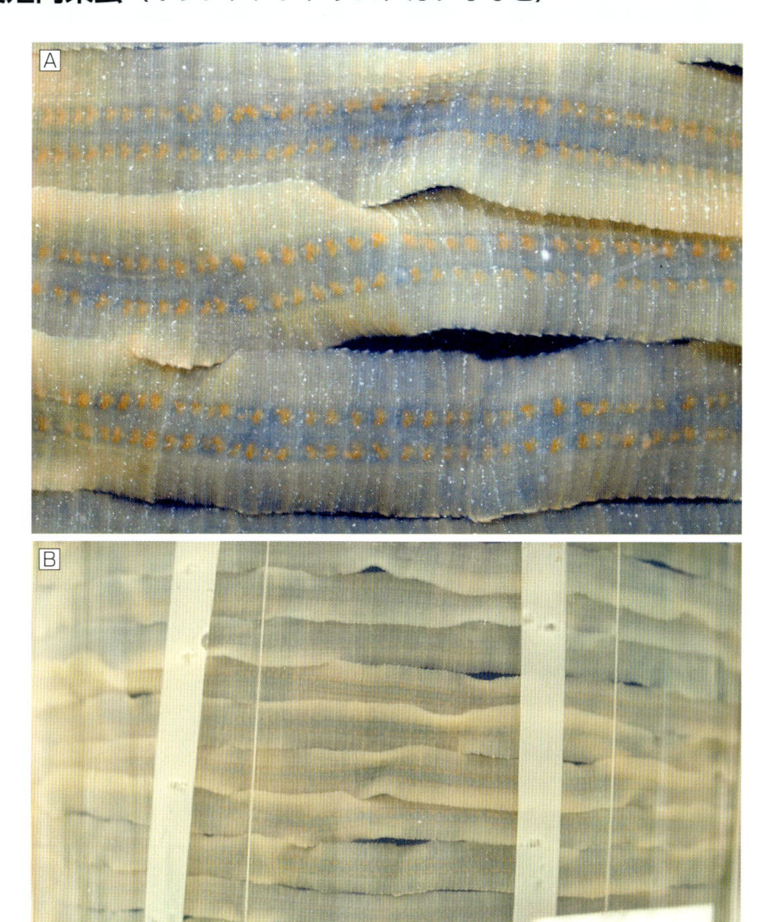

写真5-10　クジラ複殖門条虫の成虫
全体像（写真A）と条虫の体節構造（写真B）を示す。

裂頭条虫類に属し、体長が7～8mに達する大型のサナダムシの1種（*Diphyllobothrium balaenopterae*＝*Diplogonoporus balaenopterae*）です（**写真5-10**）。ちなみに、本種はかつて大複殖門条虫（*Diplogonoporus grandis*）と呼ばれていましたが、近年の形態学的、分子生物学的研究により同一種であることが証明され、学名が変更されました[5-19]。本虫の終宿主はヒゲクジラ類であることが分かっているのみで、第2中間宿主、すなわち人への感染源は不明です。ただ、患者の共通食材や発生地域などといった状況証拠から、カタクチイワシやイワシの稚魚（シラス）、アジ、サバ、カツオなど小型の黒潮回遊魚が疑われています。特に生シラスは鮮度の高い状態で生食されるため、有力な感染源です。

本虫は人の小腸上部に寄生し、下痢、腹痛、便秘などの消化器症状がみられますが、比較的症状は軽微です。下痢便とともに虫体が自然排泄されて気づくことが多いようです。治療には、プラジクアンテルが処方されます。

クドア食中毒 5-3

頻度 ★

Food poisoning caused by *Kudoa septempunctata*

[分類・原因]

粘液胞子虫ナナホシクドア（*Kudoa septempunctata*）

[部位]

ヒトの消化器系（ヒラメの体側筋肉）

[人体への影響]

ヒラメを生食した後、数時間で一過性の下痢や嘔吐が起こるが、およそ一晩で治る。予後は良好で重症化した例はない。

[対策]

・マイナス15℃～マイナス20℃で4時間以上の冷凍または75℃で5分間以上の加熱をする。
・筋肉中の胞子密度が1gあたり10^6個を超えるヒラメを生食しない。
・ヒラメ種苗の生産現場で紫外線照射や砂ろ過などの用水処理を行って感染防除する。
・ヒラメ養殖場における種苗の導入時にPCR検査、成魚の出荷時に顕微鏡検査を行い、感染魚を含むロットを排除する。
・検疫所における輸入ヒラメの通関時に寄生の検査を行い、感染魚を含むロットを排除する。

「ヒラメの食中毒事件」発生

事の発端は、2009年6月22日、読売新聞夕刊1面において、「謎の食中毒、増加中」という大きな見出しで掲載された記事でした。生鮮魚介類の生食により下痢や嘔吐が起こる事例が増えており、既知の食中毒菌が検出されないので原因が分からないという内容でした。この「謎の食中毒」が、2008年には100件超、2009年には200件超と、年々増加していたにもかかわらず、この時点では手をこまねいているしかなかったのです。

ただし、食中毒事例で提供されたメニューの中にヒラメが突出して多いことは知られていたので、ヒラメが原因食材ではないかと疑われてはいました。

● 水産現場には非現実的な対策が発表

ターニング・ポイントとなったのは、2010年10月、銀行の懸賞で当たったヒラメを生食したことによる集団食中毒事件でした。この事例の患者はヒラメしか食べていなかったことから、ここで原因食材がヒラメに特定され、原因究明に向けて大きく前進していくことになりました。

その後、関係機関の一連の研究により、ヒラメの筋肉に寄生するクドア属粘液胞子虫の1種が原因であることが証明され[5-20, 5-21]、2011年4月、厚生労働省で行われた薬事・食品衛生審議会での公表に至ったのです。

同年6月には、厚生労働省から対策として「マイナス15℃～マイナス20℃で4時間以上の冷凍、または、75℃で7分以上の加熱」という方法が推奨されました。しかしヒラメは刺身商材のため、水産現場としては現実的ではありませんでした[5-22～5-24]。

それ以降はマスコミでも大きく取り上げられることになり、「風評被害」もあって養殖ヒラメの流通・消費が停滞し、ヒラメ養殖産業が大

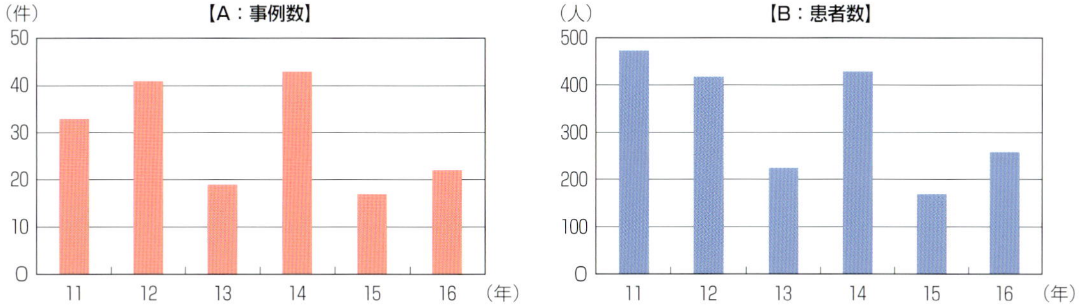

【A：事例数】

【B：患者数】

図5-3　ヒラメのクドア食中毒の年間事例数（A）と患者数（B）
2011年は6～12月（7カ月間）の合計値を示す。

資料：厚生労働省「食中毒統計」

打撃を受けたことはご存知の方も多いかと思います。

●近年は事例数・患者数ともに減少傾向

ところが、近年この食中毒は減少傾向にあります。**図5-3A**のように、年間の事例数をみると、2011年は6～12月の半年間で33件、2012年は1年間で41件が報告されています。2013年は19件と前年に比べ半減し、2014年は43件といったんは増加したものの、2015年は17件、2016年は22件と、20件前後で落ち着いています。

この食中毒ではアニサキス（90頁参照）などと違って集団食中毒が起こるため、患者数は必ずしも当てになるというものではありませんが、年間の患者数をみても、2011年、2012年は400人以上であったのに対し、2013年は200人台まで減少しました（**図5-3B**）。2014年には再び400人台となりましたが、2015年と2016年は200人前後となっており、同様の傾向は最近も続いています。

では、クドア食中毒は終息したと言えるのでしょうか。もしそうであるならば、その原因は何なのでしょうか。また、現在の課題は何か、最新の状況をもとに解説します。

重症化しないが、提供側の被害は大

冒頭でも紹介した通り、ヒラメのクドア食中毒は、生食後、数時間で一過性の下痢や嘔吐が発生しますが、およそ一晩で治り、予後は良好で、重症化した例はありません。しかし、飲食店や養殖場におけるその後の影響を考えると、むしろヒラメを提供した側に被害が大きいものと言えます。

粘液胞子虫がヒトの食中毒の原因になった事例は世界的にみても初めてのことであり、その毒性メカニズムはいまだよく分かっていません。ただ、ヒトの腸管培養細胞（Caco-2細胞）やマウスを使った実験によって胞子から放出された胞子原形質が腸管上皮組織内に侵入するときに、上皮細胞に対して大きな物理的障害を与える結果、下痢を引き起こすと推測されています[5-25]。

クドアの胞子が人体内で増殖することはなく、微量の胞子を摂取した程度では食中毒にはなりません。発症には胞子の摂取量依存性があり、その閾値は7.2×10^7個と推定されています[5-26]。これを1人あたりのヒラメ肉摂取量から換算すると、胞子密度がヒラメ肉1gあたり1×10^6個以上で感染しているヒラメを食べたときに発症すると見積もられます。

これは、重度に感染を受けているヒラメであれば、たとえ刺身ひと切れだけを食べても発症することを意味します。そこで、2012年6月、厚生労働省の通知により、この基準（胞子10^6個/g）を超えたヒラメを取り扱った場合は、食品衛生法第6条違反になることが決まりました。

また、クドアは死んだ魚の体内でも増えることはないので、魚を〆た後の保管状態の不備が原因になることはありません。当該ヒラメ（感染魚）を廃棄することで拡散を防止できるため、原因物質がクドアであることが判明した場合は、営業禁止や停止などの行政処分を科さないことになっています。しかし、実際には行政区によって対応が異なっているようで、混乱が続いています[5-27]。

ナナホシクドア（クドア・セプテンプンクタータ）

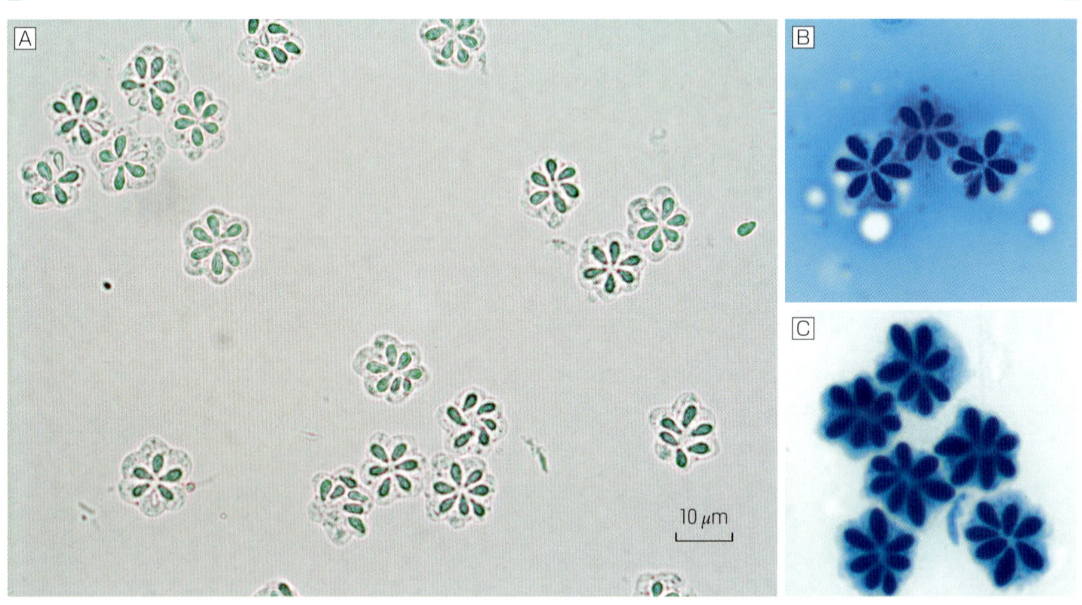

写真5-11 ヒラメのナナホシクドア（*Kudoa septempunctata*）の胞子
新鮮胞子（写真A）。メチレンブルー染色すると、日本産養殖ヒラメ由来の胞子は写真Bのように、韓国産養殖ヒラメ由来の胞子は写真Cのようにみられる。

● 極嚢数で由来の推定に応用可能か

原因寄生虫は多殻目粘液胞子虫の1種であるナナホシクドア（*Kudoa septempunctata*）です[5-27]。新種が記載されている論文では極嚢が7個あると報告されたことから、セプテンプンクタータ（septemは「7」、punctataは「点」を意味する）という学名がつけられました。和名もそれに倣ってつけられましたが、日本産ヒラメにみられる胞子の極嚢は6個のものが多いようです（**写真5-11A、B**）。

実は、新種記載の際に用いられたクドアは韓国産ヒラメから採集されたものであり[5-29]、その後の調査で韓国産クドアは7極嚢の比率が多いことが分かってきました（**写真5-11C**）[5-30]。しかし、極嚢数に違いがあっても、遺伝子（リボソーマルDNA）レベルでは完全に一致するので、種としては同一と考えられています。

なぜこのように極嚢数に違いが生まれるのかは今のところよく分かっていませんが、ヒラメの由来を推定するための指標のひとつとして応

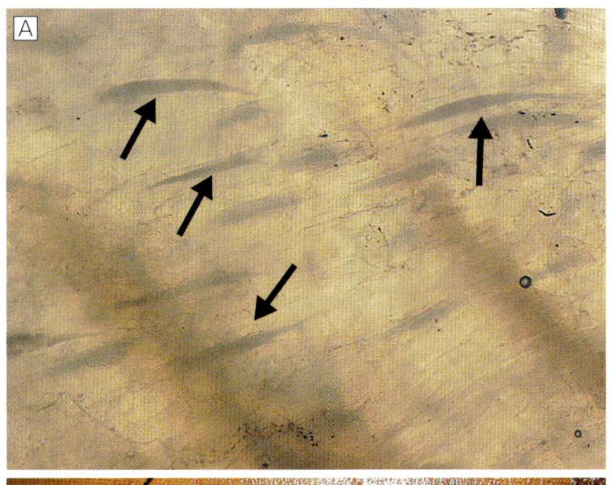

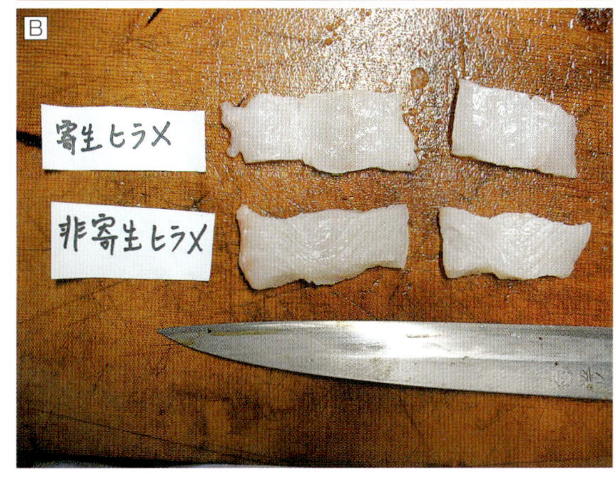

写真5-12　ナナホシクドアに感染したヒラメ
実体顕微鏡下（透過光）でみられるクドア（写真A）では偽シスト（矢印）が観察される。写真Bは肉眼観察した感染魚（上）と非感染魚（下）の肉片である。

用できるかもしれません。

魚から魚への水平感染はなし

ナナホシクドアの生活環は、ほかの多殻目粘液胞子虫と同様、全く分かっていません。双殻目粘液胞子虫では、貧毛類（イトミミズ類）や多毛類（ゴカイ類）などの環形動物の体内で放線胞子虫に変態した後、水中に放出されて魚に感染すると粘液胞子虫になるので、それと同様の生活環を持つと推測されます。

ナナホシクドアを媒介する環形動物はいまだ特定されていませんが、少なくともクドアが魚から魚へ水平感染することはありません。つまり、活魚水槽や生簀内に感染魚が1尾いたとしても、他の魚へはうつりません。

気づかずに口にしてしまう

ナナホシクドアはヒラメの筋線維の細胞内に寄生して偽シスト（pseudocyst）を形成し、分裂・増殖後、多数の胞子（大きさ約10 μm）を作ります。

他のクドア感染では、宿主魚の筋肉に米粒状のシストを形成したりジェリーミートを呈したりすることで、商品価値が失われます。しかし、ナナホシクドアの偽シストは、肉片をガラス板の間でつぶして実体顕微鏡（透過光）で観察すると、スジとしてみられるものの（**写真5-12A**）、肉眼ではみえません（**写真5-12B**）。そのため、気づかずに食してしまうことが問題と言えます。

養殖場での対策

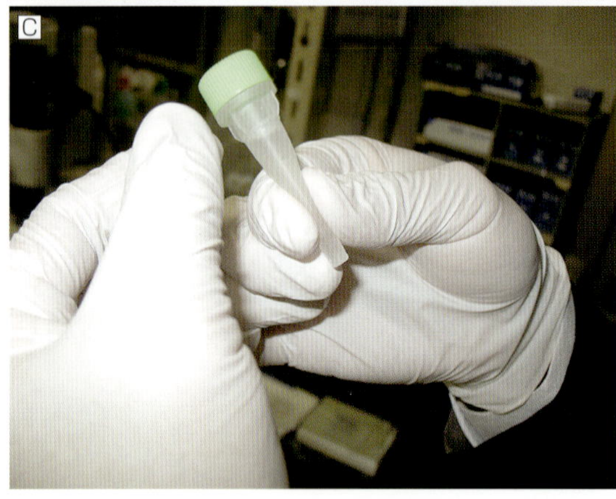

写真5-13　クドア寄生虫の生検法
ヒラメにおいては、注射器で微量の魚肉を採取し（写真A）、魚を生かしたまま検査することができる生検法（写真B、C）が実用段階となっている。

2012年6月に水産庁から出されたガイドラインに基づき、ヒラメ養殖場では、①種苗をPCR検査して、感染種苗を養殖場に入れない、②飼育群の来歴ごとの管理（由来の異なるロットを混ぜない）、③飼育環境を清浄化する（環形動物の存在しない環境の確保）、④養殖魚を出荷前に検査（筋肉組織の塗抹標本を作製し、メチレンブルー染色を施して検鏡）して、感染群を除去する、⑤寄生が確認された場合、活魚・鮮魚での出荷は自粛するといった手法で、感染魚を排除する対策が取られています。この方法は非常に有効に機能してきましたが、課題はまだ残っています。

まず、せっかく検査をしてから出荷しても、流通過程で他の未検査ロットと混ざってしまう可能性があるという点です。韓国産ヒラメの場合は、前述のように極嚢数の違いがひとつの識別法となるので、「産地偽装」の抑止力になると期待されます。しかし、極嚢数には例外もあり、決定的な証拠ではないので、遺伝子レベルで識別する方法が模索されています。

また、出荷前に検査する尾数の問題もあります。水産庁のガイドラインでは、統計学的に30尾を調べることが推奨されていますが、これは中小規模の業者には労力的にも経費的にもやや多いと感じられているようです。現在、魚を殺さずに調べる生検法（注射器で微量の肉を採取して検鏡する方法）が実用段階に達しているので（**写真5-13**）、この方法を用いれば、規定の尾数を検査することは苦にならなくなると予想されます。

検疫所での対策

韓国からの輸入ヒラメに対しては、厚生労働省のガイドラインに基づき、ある一定の頻度でモニタリングがなされています。前述したように、筋肉1gあたりのクドア胞子数が 1.0×10^6 個を超えることが確認された場合は、食品衛生法第6条違反として取り扱われます。

しかし、検査には数日かかり、その時点では既に販売されてしまっていることが多いため、回収することは難しいようです。また、消費の末端で食中毒事例が発生した場合は、さかのぼり調査によって、当該ヒラメの養殖業者が命令検査の対象となります。そして、命令検査の対象とされた業者は、事実上、禁輸状態になっています。

なお、通関時の検査法は厚生労働省の通知に基づいているので、リアルタイム PCR 法でスクリーニングしてから顕微鏡検査して確定する方法と、顕微鏡検査だけで判定する方法のいずれかを用いることになっています。かつては顕微鏡検査の検出限界である胞子 10^5 個 /g 以上で陽性と判定され、その時点で加熱または冷凍するように指導されることになっていましたが、食品衛生法の基準（胞子 10^6 個 /g）ができて以来、「顕微鏡で検出されても、胞子 10^6 個 /g 以下なら問題ない」とも考えられているようです。

しかし、これは危険です。全数検査して個体ごとに判断するならともかく、サンプリング検査の場合は同一ロットの他個体で基準値を上回る可能性があるので、水産庁のガイドラインと同様、そのロットは活魚、鮮魚としての流通を自粛すべきです。

感染源を元から絶つ対策と簡易診断キットの実用化

ナナホシクドアによる食中毒リスクを回避する対策については、現在、多くの研究グループが取り組んでいますが、最大の課題であるクドアの生活環の解明は、簡単ではなさそうです。

今のところ最も現実的と考えられているのは、種苗生産場において飼育用水を処理する方法で、砂ろ過と紫外線照射の併用が感染防除に有効であることが示されています[5-31]。これにより、現在実施されているような既に感染している魚を検査して除去するという方法の他に、感染源を元から絶つという根本的な対策が確立されます。

また、どれほど養殖場で検査しても、低率で寄生しているロットでは検査をすり抜ける可能性を否定できないことから、流通から販売の過程で検査できる簡易診断キット（イムノクロマト法を応用した迅速診断法）が開発され、既に市販されています。

クドア食中毒はなぜ減っているのか

クドア食中毒が減少している大きな要因は、まず、国内のヒラメ養殖場でクドア検査が徹底されてきたことであることは間違いありません。最近、食中毒が減ってきたことで、検査の必要性に疑問を感じている養殖業者もいるようですが、それは全く逆です。食中毒の減少は養殖業者がきちんと検査をした結果であることを理解してほしいと思います。「喉もと過ぎれば熱さ忘れる」ではいけません。

第2の要因として、検疫所の検査が厳しく

なってきたこともあげられます。しかし、先に述べたように食品衛生法上の基準ができたことによって、法的には問題ないけれども、検出はされる「10^5〜10^6個/g」というグレーゾーンの取り扱いが難しいといった状況が生まれています。

第3に、ヒラメ全体の消費量が減ったからではないかという意見もあります。事実、いまだに「風評被害」で養殖ヒラメの取り扱いを中止している量販店などもみられます。この点については、ひとえに情報不足（あるいは理解不足）が原因です。最近の状況、すなわち食中毒事例数が明らかに減少していることや、養殖場での対策が徹底され、今後の防除策も開発されていることなどをしっかりと周知しなくてはなりません。

「安全」にはなったが、「安心」にはいま一歩

前段において、生産者と販売者の間には大きな意識のギャップがあるのが分かると思います。「もうクドアはなくなったのだから、早く忘れて消費が戻ってほしい」と願う生産者と、「少しでもリスクのある食材には手が出せない」と警戒を続ける販売店の対立構図です。

歩み寄る解決策は、情報公開に尽きます。生産者は自主的に検査結果を明らかにし、行政は検査体制の整備状況や食中毒事例の現状を積極的に公表し、研究者は最新の研究成果を発表して、消費者はそれらの情報を偏見なく評価して判断することが求められます。つまり、当事者間で相互に理解を深める「リスクコミュニケーション」が必要です。

「食の安全・安心」という場合の「安全」が科学的、客観的に評価できるものであるのに対して、「安心」は消費者がどのように感じるか（安心感）という情緒的、主観的なものであるとされ、しばしば対比して用いられます。この意味では、ヒラメの安全性はほとんど回復しているにもかかわらず、安心と言える状態にはもう一歩であると言わざるを得ません。

生産者から流通、販売、消費者に至るまで、目指す方向は同じはずです。ヒラメを安心して食べられるようになるためには、互いの信頼関係が重要となります。

— 第6章 —

水産食品にみられる異物

魚介類の組織 6-1

Tissues of fish and shellfish hosts

頻度 ★★★

[主な状態]

水産食品内に粒状もしくは細長い異物が認められる。

[原因]

魚介類の神経束、結合織、消化管（貝類の桿晶体など）、生殖腺（未成熟な卵巣など）、腫瘍、変性または器質化した病変部など

[部位]

魚介類の筋肉または内臓など

[肉眼・検鏡観察]

径または長さが数mm〜数cmの粒状もしくは紐状の異物として観察される。

[人体への影響]

なし

[対策]

なし

異物全てが「寄生虫」ではない

近年、食の安全・安心に対する消費者の関心が高まる中で、食品中に混入する異物のクレームが増えています。しかし、それらのほとんどは寄生虫ではなく、大きく分けて2つに分類されるように思われます。1つは魚介類自体の組織、もう1つは外来の生物もしくは無生物です。

2005〜2016年に（公財）目黒寄生虫館に鑑定依頼された事例のうち、「寄生虫」あるいは「不明」とされたものを除いて集計すると、「魚の組織」が約60％、「外来生物その他」が約40％となります（**図6-1**）。魚介類の刺身や加工品などの水産食品に異物をみつけると、すぐに有害な寄生虫かもしれないと恐れる方もいますが、これはやや過剰反応と言えるでしょう。実際には、魚自体の組織（あるいは変性したもの）、貝殻の破片、またはただの米粒だと分かって、ひと安心することも多いようです（**表6-1**）。ここでは、それらの具体例について説明します。

なお、本章は2007年4〜12月に（公財）目黒寄生虫館で開催された特別展示「それ！　ほんとうに寄生虫？　寄生虫！と疑われた寄生虫ではない異物」をベースに、最近までの資料を加筆して作成しました。

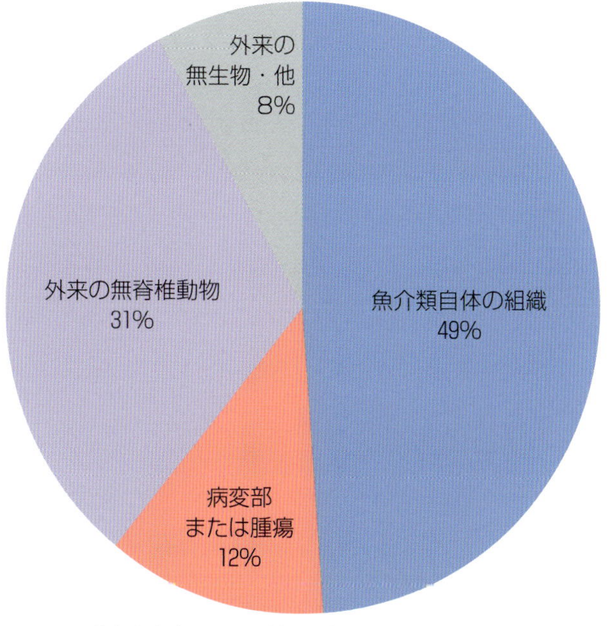

図6-1　「寄生虫」または「不明」とされたものを除いた事例の鑑定結果の内訳

2005〜2016 年に（公財）目黒寄生虫館へ鑑定依頼のあった異物のうち、「寄生虫」または「不明」ではないと鑑定された事例は 80 件あり、「魚介類自体の組織」、「病変部または腫瘍」、「外来の無脊椎動物」、「外来の無生物」の４つに分類できる。

表6-1　水産食品の異物のうち「魚介類の組織の一部」と鑑定された事例

検体名	鑑定結果
アジ開きの紐状異物	アジの神経束
アキサケの紐状異物	サケの筋組織（腱）
サンマ蒲焼缶の紐状異物	サンマの卵巣
ウナギ蒲焼の黒色異物	ウナギの脾臓
ツボダイ西京漬けの紐状異物	ツボダイの血管
マグロ赤身の紐状異物	マグロの血管
マグロ筋肉内の黒色異物	マグロの血餅
キハダ筋肉内の白色異物	変性、器質化した筋肉
〆サバの紐状異物	サバの筋肉組織（腱）
アカウオ粕漬の紐状異物	アカウオの腹壁と幽門垂
ボタンエビ筋肉内の紐状異物	エビの生殖器
ムラサキイカの黄色斑点	イカの発光器
アワビ水煮中の異物	アワビの筋肉
煮ホタテガイの異物	ホタテガイの腸管
茹でハマグリの紐状異物	ハマグリの桿晶体
ハマグリのオレンジ色の異物	ハマグリの卵巣
カキフライの異物	貝殻の破片
明太子に付着した粒状異物	タラの血腫
マダイの筋肉内異物	器質化した血腫
冷凍エビの黒色異物	メラニン沈着
カツオ筋肉内の白色塊	脂肪腫

資料：（公財）目黒寄生虫館

マグロにみられる異物（キハダ、ミナミマグロ）

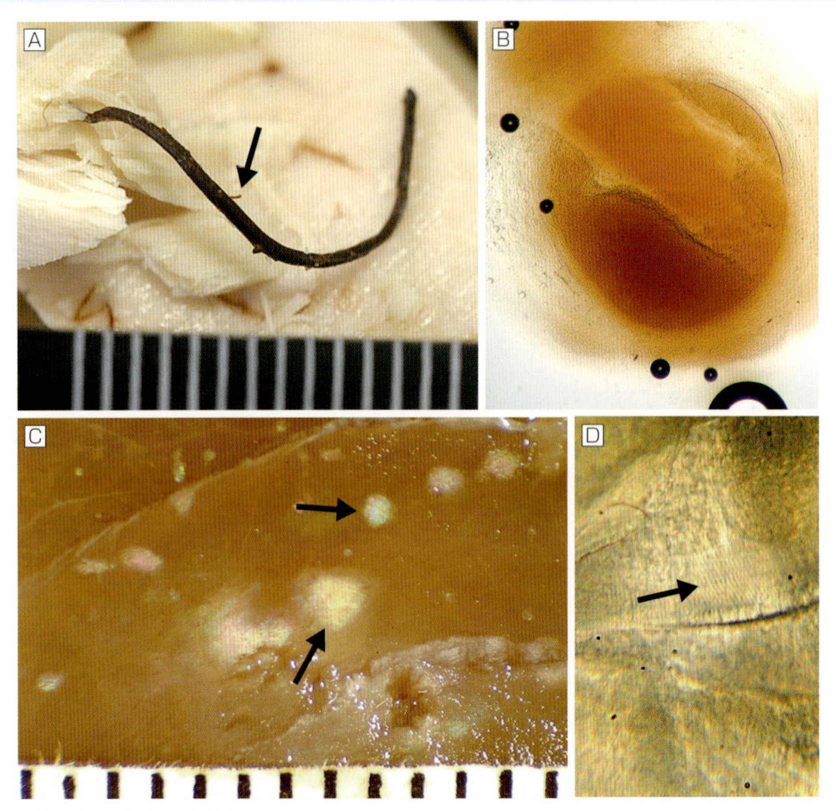

写真6-1　マグロ類にみられる異物
キハダの切り身において、長さ2～3cmの黒い紐状異物がみられ（写真A）、横断切片を作製し観察した結果、うっ血した魚の血管であると考えられた（写真B）。また、ミナミマグロの切り落としからみつかった直径1～2mmの不定形の白斑（写真C）を拡大すると、周囲の筋肉組織と同様の横紋が観察された（写真D）ことから、マグロの筋肉組織が何らかの原因で変性したものと思われた。

最も寄生虫だと誤認しやすいのは、魚介類の筋組織（腱）や神経束、血管が露出して紐状にみえるケースや、変性または器質化の過程にあって変色している病変部位ではないかと思われます。

例えば、キハダの切り身に黒い紐状異物がみられ、寄生虫ではないかと疑われた事例があります（**写真6-1A**）。長さは2～3cmで、筋肉の間を貫いているものもありました。ほとんどの末端は切断されており、寄生虫の頭部や尾部のような構造は認められませんでした。また、一部の端は徐々に細くなり、枝分かれしている状態もみられました（**写真6-1A**）。

横断切片を作製して観察したところ、管状で内部に褐色の物質が詰まっており、この顆粒は血球であると推定されました（**写真6-1B**）。このことから、これは寄生虫ではなく、うっ血した魚の血管であると考えられました。

そのほか、ミナミマグロの切り落としに、直径1～2mmの不定形の白斑が複数みつかった事例があります（**写真6-1C**）。この部分を拡大すると、周囲の筋肉組織と同様の横紋が観察され（**写真6-1D**）、筋線維の膨化や融解はみられませんでした。これらより、何らかの理由でマグロの筋肉組織が変性し、このような状態になったと予想されました。

貝類にみられる異物（ハマグリ、カキフライ）

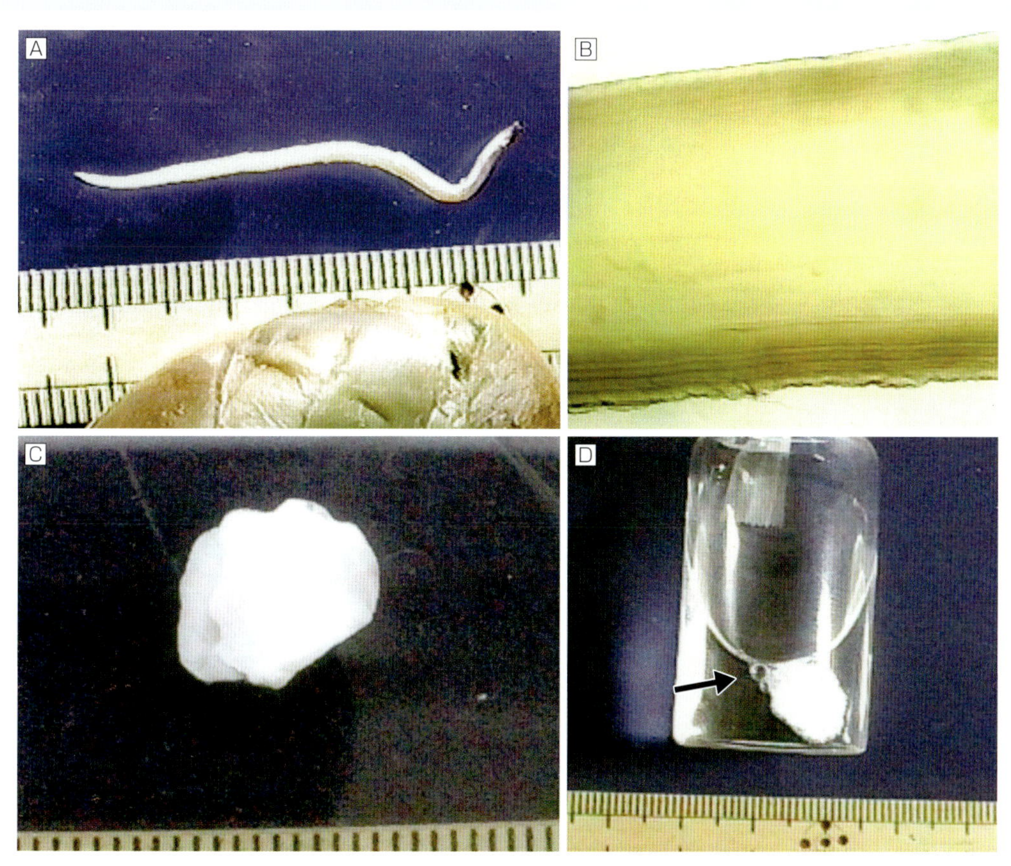

写真6-2　貝類にみられる異物
ハマグリにみられた長さ約4cm、幅約1mmの紐状異物（写真A）を顕微鏡で観察した結果。内部は無構造（写真B）で寄生虫の内臓器官がみられなかったことから、二枚貝類の消化器官（桿晶体）であると考えられた。そのほか、カキフライでみられた直径1cm弱の石ころ状の異物（写真C）は、希塩酸の中に入れると盛んに発泡するという現象が観察され（写真D）、カキ自体の殻だと予想された。

ハマグリの本体に、長さ約4cm、幅約1mmの紐状異物がみられました（**写真6-2A**）。これを顕微鏡で観察すると、内部は無構造で（**写真6-2B**）、寄生虫の内臓器官はみられませんでした。従って、これは寄生虫ではなく、二枚貝類の消化器官である桿晶体（かんしょうたい）と考えられました。

なお、桿晶体には消化酵素が多量に含まれており、胃の中で回転しながら「すりこぎ」の役割を果たして物理・化学的に消化を助けるという作用がありますが、しばしば寄生虫と間違えられるようです。

また、カキフライに長径1cm弱の石ころ状の異物がみられました（**写真6-2C**）。異物の外側は白色からわずかに赤紫色の模様がみられ、薄い層が重なっていました。これを希塩酸の中に入れると、盛んに発泡するという現象が観察されました（**写真6-2D**）。

これらのことから、これはカルシウムを多く含む貝殻のようなもので、色、構造、発見された状況より、カキ自体の殻だと考えられました。カキをむき身にする過程で割れた殻の小片が混入することはひんぱんにあり、それが調理後まで残っていたものと思われます。

頭足類にみられる異物（アカイカ）

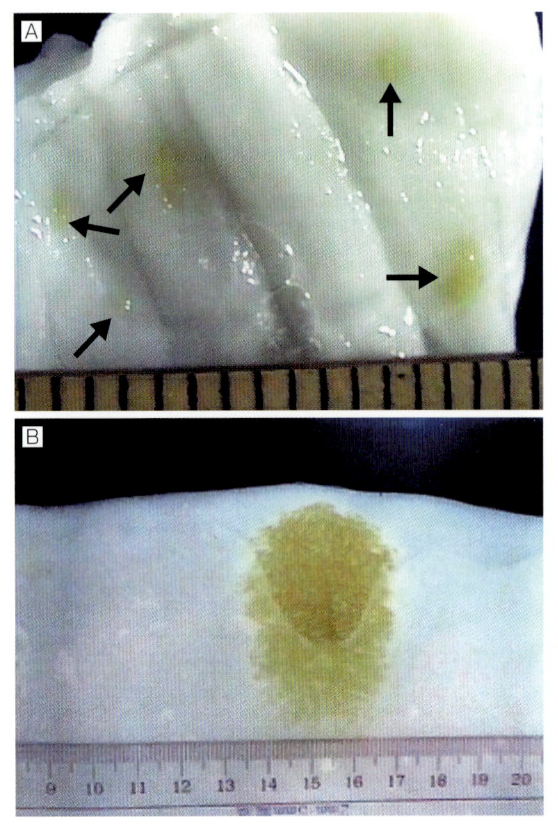

写真6-3　頭足類にみられる異物
アカイカの体表に多数観察された写真A、Bのような、黄色で楕円形の約2×1mmの粒状異物を顕微鏡で観察したところ、寄生虫および虫卵に特徴的な構造は認められなかった。全て外皮にみられたことから、イカ類の発光器であると考えられた。

アカイカの体表に、黄色で楕円形、大きさが約2×1mmの粒状異物が多数認められました（**写真6-3A、B**）。これらの異物を顕微鏡で観察したところ、寄生虫および虫卵に特徴的な構造は認められず、また、塗抹して検鏡しても原虫もしくは胞子と思われるような顆粒はみられませんでした。これらが内臓側ではなく、すべて外皮にみられたことから、イカ類の発光器と考えられました。

寄生虫ではないので食べても害ではありません。

（横山 博・荒木 潤・巌城 隆）

外来の生物・無生物、その他　6-2

頻度 ★★★

Exogenous animate, inanimate and other objects

[主な状態]

水産食品内に異物として認められる。

[原因]

同所的に生息する各種無脊椎動物（ゴカイ類、ヒトデ類など）、水棲・陸棲の節足動物（甲殻類や昆虫類など）、米粒や歯の詰め物などが、漁獲から加工、販売、消費までの過程で混入した。

[部位]

魚介類の筋肉、内臓または体表など

[肉眼・検鏡観察]

径または長さが数 mm～数 cm の粒状または紐状の異物として観察される。

[人体への影響]

なし

[対策]

加工・調理過程で混入したものなら、それらの現場の衛生環境について再度、精査して改善する必要がある。

加工・調理過程で混入した異物は要注意

異物の正体が114頁で紹介したような「魚介類自体の組織」である場合は、特に心配しなくてもよいでしょう。

しかし、本項で紹介する「外来の生物または無生物」であった場合は、その商品を製造、販売する企業は、どこで混入したかを推測し、対策を立てる必要があります。

例えば、漁獲中にたまたま入ってきたものなら対処できませんが、その後の加工・調理過程で混入したものなら、それらの現場の衛生環境について、再度、精査して改善しなければなりません。

表6-2　水産食品の異物のうち「外来の生物または無生物」と鑑定された事例

検体名	鑑定結果	
イワシの刺身の粒状異物	外来生物	メイガの仲間
カツオの筋肉の粒状異物	外来生物	シャクトリガ科の幼虫
キハダ筋肉の粒状異物	外来生物	ヒラタアブの幼虫
キスの浜焼きの紐状異物	外来生物	クモヒトデの脚
メロの口腔内の虫様異物	外来生物	スナホリムシの仲間
スルメイカの針状異物	外来生物	ウロコムシ類の剛毛
ミズダコの紐状異物	外来生物	ウロコムシの仲間
ボイル・タラバガニの異物	外来生物	ヤサイゾウムシ
ズワイガニの紐状異物	外来生物	ウオビルの仲間
ワタリガニの鰓の虫様異物	外来生物	エボシガイの仲間
殻付きカキの紐状異物	外来生物	ゴカイの仲間
甘エビの粒状異物	外来生物	ホシムシの仲間
タラコの紐状異物	外来生物	ヒトデ類の腕
モズクの粒状異物	外来生物	ハエトリグモの仲間
マダイ肉の粒状異物	外来の無生物・ほか	唐辛子のタネ

検体名	鑑定結果	
マグロ肉の異物	外来の無生物・ほか	ネギのみじん切り
イワシつくねの紐状異物	外来の無生物・ほか	エノキ茸
筋子の粒状異物	外来の無生物・ほか	ご飯粒
数の子の円形異物	外来の無生物・ほか	ニシンの鱗
イカ切り身の緑色異物	外来の無生物・ほか	油滴
イカ・スティックフライの異物	外来の無生物・ほか	虫歯に詰める金属
ブラック・タイガー尾部の異物	外来の無生物・ほか	塩分の結晶
シーフードの球形異物	外来の無生物・ほか	魚の眼球（水晶体）

資料：（公財）目黒寄生虫館

エビ類にみられる異物（ブラックタイガー）

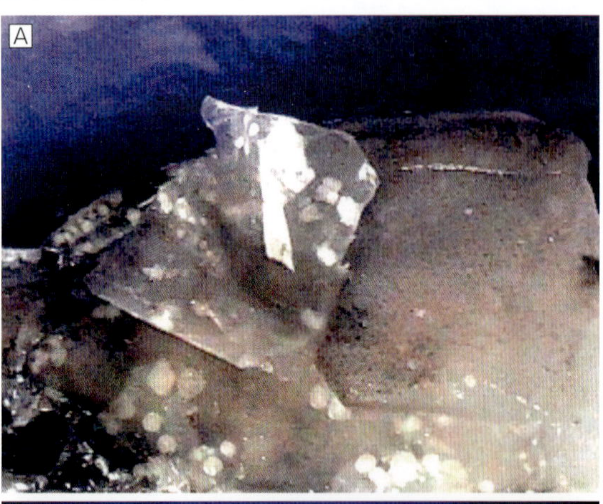

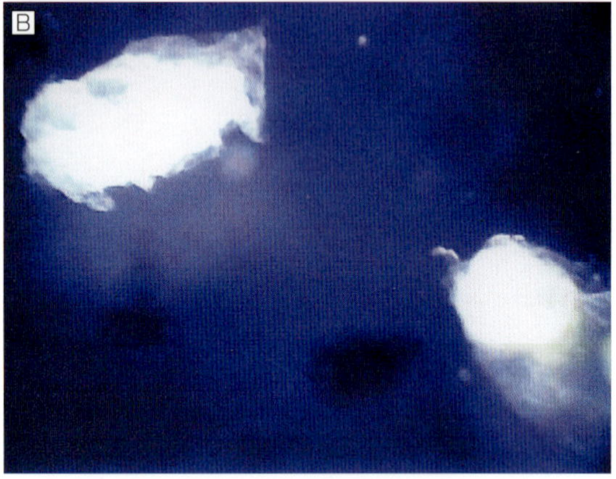

写真6-4　ブラックタイガーにみられた粒状異物
ブラックタイガーの甲殻の内側に散在する0.5～1 mmの四角形の粒（写真A）を検鏡しても、寄生虫の卵や原虫類の胞子、カビの胞子などは認められなかった。この粒を取り出して、水中で加温したところ、結晶構造はなくなり、白い塊だけが残った（写真B）。

ブラックタイガー（ウシエビ）の甲殻の内側に、0.5～1 mmの四角形の異物が単独あるいは集合したような状態で散在していました（**写真6-4A**）。全て殻の内側にみられ、ほとんどが2層になっている殻の間に存在していました。

検鏡によって寄生虫の卵や原虫類の胞子、カビの菌糸などは認められず、結晶状の構造が観察されました。この粒を取り出して水中で加温したところ、結晶構造はなくなり、白い塊だけが残りました（**写真6-4B**）。このことから、これらは時間の経過に伴って濃縮された塩分が結晶化するとともに、周囲のタンパク質などの成分も一緒に凝縮させたものではないかと思われました。

寄生虫でも細菌でもないので、感染することはなく、食べても問題はありません。

外来の生物または無生物の付着（イワシ、スルメイカ）

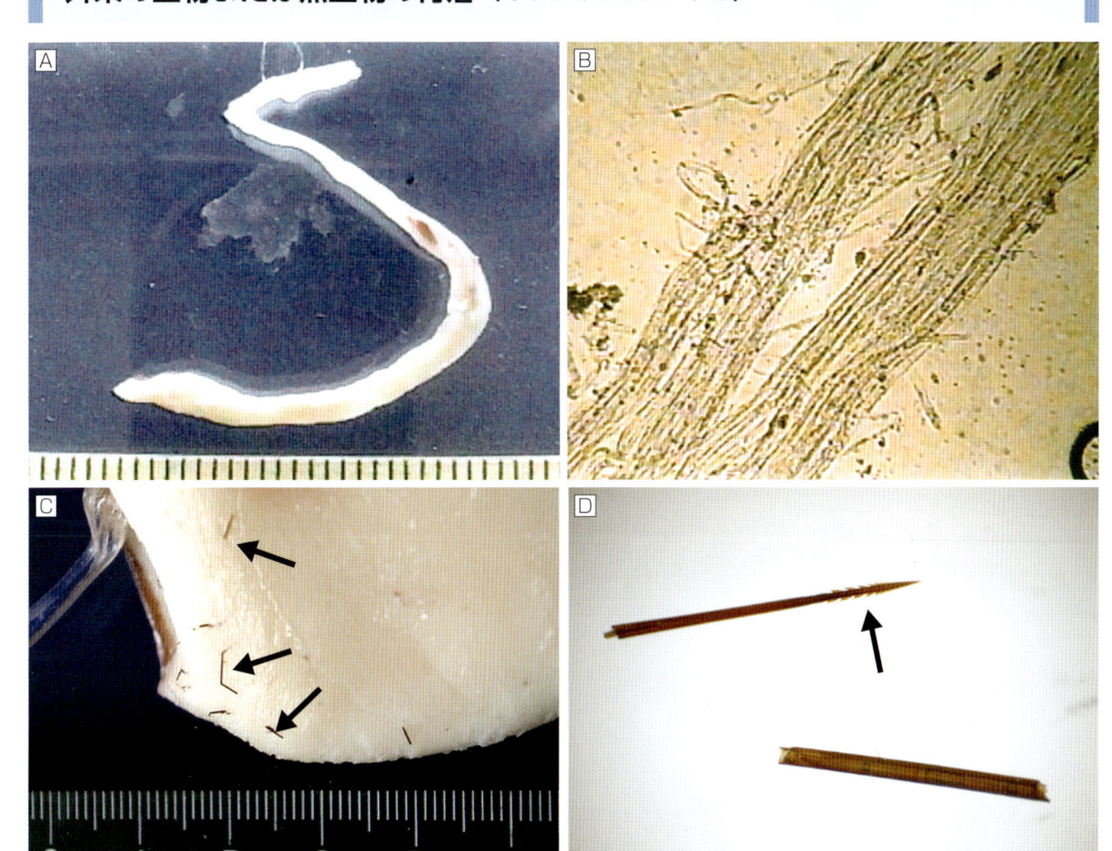

写真6-5　寄生虫以外を原因とする異物
イワシのつくねにみられた長さ約5cm、幅3～4mmの白い紐状異物（写真A）を検鏡すると、壁の厚い繊維状構造が観察された（写真B）。これは、イワシのつくねと一緒に料理されたエノキタケのようなキノコの軸だと思われる。また、スルメイカの胴体に多数みられた細い棘状異物（写真C）は、先端に独特の鋸歯状（矢尻状）の構造が認められ（写真D）、ゴカイの仲間であるウロコムシ類の剛毛と判断された。

イワシのつくねに長さ約5cm、幅3～4mmの白い紐状異物がみられました（**写真6-5A**）。やや乾燥していたため、水中に移して軟化してから顕微鏡で検査した結果、両端は切断された状態で、寄生虫の頭部、尾部、消化器系などの特徴的構造や虫卵、胞子などは認められませんでした。

また、一部に押し潰されて裂けたような部位があり、検鏡すると壁の厚い繊維状構造が観察されました（**写真6-5B**）。このことから、これは寄生虫ではなく、植物性の異物であることが疑われました。状況から推定すると、イワシのつくねと一緒に料理されたエノキタケのようなキノコの軸ではないかと思われます。

そのほか、スルメイカの胴体に細い棘状異物が多数みられました（**写真6-5C**）。長さは最長で約7mm、幅は0.1～0.2mmで、褐色かつ硬い構造をしていました。表面にうろこ状の構造はなく、先端に独特の鋸歯状（矢尻状）の構造が認められました（**写真6-5D**）。

このことから、ゴカイの仲間であるウロコムシ類の剛毛と判断されました。これは、スルメイカの漁獲時にたまたま獲れたウロコムシ類の剛毛が突き刺さったものと推測されました。

カニ類にみられる異物（タラバガニ、ズワイガニ）

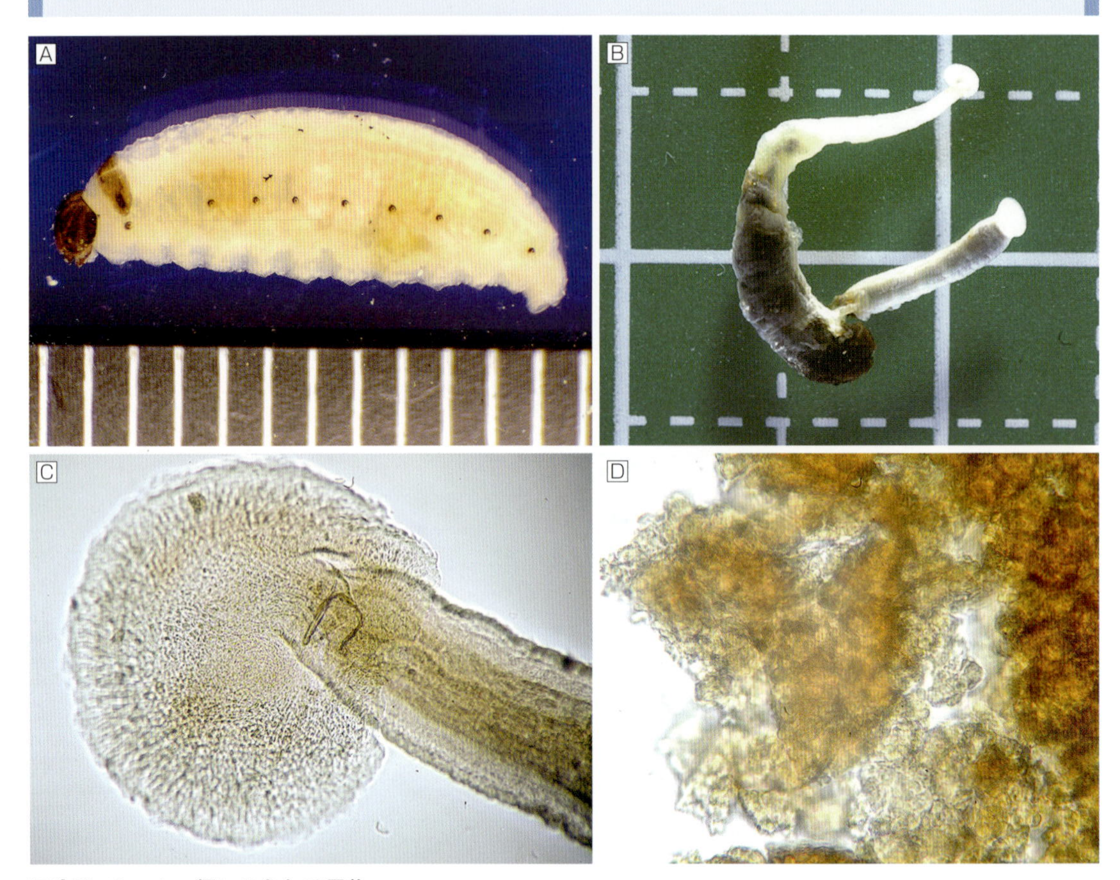

写真6-6　カニ類にみられる異物
ボイルしたタラバガニにみられる体長 12 mm 弱の円筒形異物（写真 A）は、体表に毛がなく、胸脚を欠き、頭部と前胸背板および気門が茶褐色であることから、ヤサイゾウムシの幼虫と考えられた。そのほか、ズワイガニの甲羅の内部に虫様異物が混入した事例（写真 B）では、体節構造かつ両端が吸盤状（写真 C）であることから、環形動物のヒル類と断定された。ただし、首が極端に細く、体表に突起が散在し、腹部に大量の血液が認められる（写真 D）ため、魚類に寄生するウオビルの仲間と予想された。

ボイルしたタラバガニに体長 12 mm 弱の円筒形異物が観察されました（**写真6-6A**）。体表には毛がなく、胸脚を欠き、頭部と前胸背板および気門は茶褐色でした。これにより、ヤサイゾウムシの幼虫と考えられました。本虫は野菜（特に白菜）を好んで食害することが知られているため、どこかで野菜類と接触したのではないかと思われます。

ズワイガニでは、甲羅の内部に虫様異物が混入した事例があります（**写真6-6B**）。体節構造をしており、両端は吸盤状であることから（**写真6-6C**）、環形動物のヒル類であることは間違いありません。

しかし、首の部分がやや極端に細くなっている点、体表に突起が散在する点、腹部に大量の血液が認められる点（**写真6-6D**）により、魚類に寄生するウオビルの仲間と考えられました。カニの漁獲の際に甲羅付近に付着していたウオビルが加工の過程で混入したものと推定されます。

魚卵にみられる異物（数の子、筋子）

写真6-7　魚卵にみられる異物
数の子にみられる直径1～1.3 mmの薄く透き通った円盤状の異物（写真A）を検鏡すると、ウロコに特徴的な細い同心円状のひだが観察された（写真B）。このことから、加工工程で原料であるニシンのうろこが混入したものと推測された。また、筋子で観察された長さ5～6 mm、幅約2 mmの細長い粒状異物（写真C）をスライドグラスに塗抹して薄めたヨードチンキを垂らしたところ、紫色に変色したことから、この異物はデンプンでできており、米粒であると推測された（写真D）。

数の子に円盤状の異物が観察されました（**写真6-7A**）。異物は直径が1～1.3 mmで薄く透き通っており、検鏡でウロコに特徴的な細い同心円状のひだが観察されました（**写真6-7B**）、これは、加工の過程で数の子の原料であるニシンのうろこが混入したものと推測されました。

筋子に長さ5～6 mm、幅約2 mmの細長い粒状異物が観察されました（**写真6-7C**）。白いものから筋子の色がやや染みついたような赤いものまであり、スライドグラスに塗抹して薄めたヨードチンキを垂らしたところ、紫色に変色したことから、デンプンであることが証明されました（**写真6-7D**）。

これらのことから筋子を食べる際、箸などに付着していたご飯粒がうつったものと推測されます。もちろん、ご飯粒なので人体に害はありません。

水産加工品にみられる異物（水産食品、イカフライ）

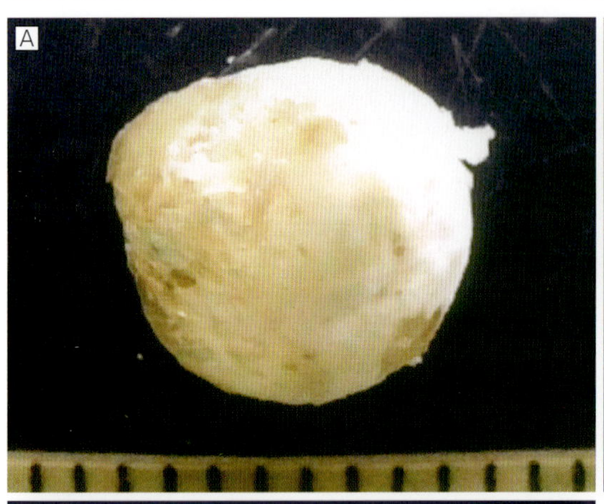

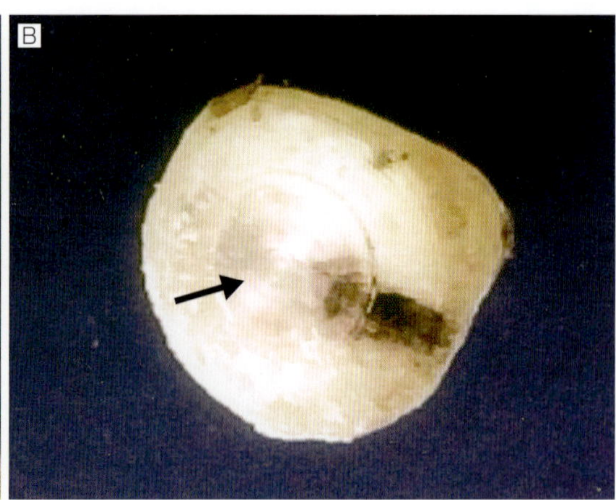

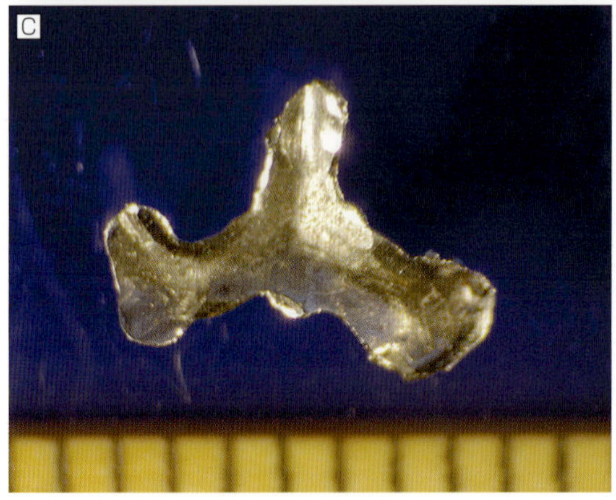

写真6-8　水産加工品にみられる異物
水産食品に混入した半透明のプラスチック玉のような球状異物（写真A）を観察すると、割断面に同心円状の構造が認められ、（写真B）、魚またはイカ類などの眼球（水晶体）であると考えられた。そのほか、イカフライでみつかった金属製の異物（写真C）は、人間の虫歯に充填された金属が外れて混入したものと推測された。

水産食品に半透明のプラスチック玉のような球状異物が混入していました（**写真6-8A**）。直径は約6mm、割断面には同心円状の構造が認められ（**写真6-8B**）、温湯に浸すと直径がやや大きくなり、表面が白濁して軟化した状態になりました。これより、プラスチックのような人造物ではなく、魚またはイカ類などの眼球（水晶体）であると思われます。

加工品では、イカフライに金属製の異物がみつかった事例があります（**写真6-8C**）。この異物は差し渡しが約7mmで、三方に突起が伸びたような形をしていました。片面は金属光沢が強く、もう片面は主に黒く、角張った部分には金属光沢がみられました。拡大すると、ところどころに鋳造によると思われる細かく尖った突起状構造が認められました。このことから、人間の虫歯に充填された金属が外れて混入したものと考えられました。

（横山 博・荒木 潤・巌城 隆）

― 第7章 ―

風評被害を発生させないためのリスクコミュニケーション

寄生虫のリスク分析と風評被害防止策 7-1

［ここでのポイント］
・ヒトの健康に悪影響を及ぼさない寄生虫であっても、消費者に対して商品のネガティブなイメージを与える可能性がある。
・たった1度でも、寄生虫が含まれる商品の流通が原因で食中毒などの健康被害が起きた場合、行政から業務停止処分を命じられることがある。また、誤った情報の流出に伴う風評被害が大きな経済損失につながる。
・生食する場合に限り、寄生虫リスクが伴う（寄生虫は加熱または冷凍で防ぐことが可能）。また、天然魚か養殖魚か、海産魚か淡水魚かによって差がある。
・日本では、厚生労働省や食品安全委員会において十分なリスク評価がなされている。

水産食品における寄生虫のリスク

水産物の食品安全性において、寄生虫のリスクは無視できるものではなく、適切に管理されなければならないものです。寄生虫はヒトの健康に悪影響を及ぼすものから、特に影響を及ぼさないものまでさまざまですが、いずれにしても、消費者にとっては確実に商品に対してネガティブな評価を与えるものであるため、管理上、特に気を付けなければなりません。

ヒトの健康に悪影響を及ぼすものは、HACCPの視点で「一般衛生管理」に含まれる管理事項であり、食品加工場では十分な知識を持って対応することが求めらます。1度何らかの事故で寄生虫が含まれる商品が流通し、食中毒などの健康被害を起こした場合は、行政から業務停止処分を命じられることもあり得ます。少なくとも、多くの小売業者はその商品（およびその企業の商品全て）の取り扱いの中止につながるため、たった1回であっても、企業を破綻させるレベルの事例であるという認識が必要です。

なお、寄生虫はほとんどが加熱すると死滅するため、加熱調理を中心とする料理では食品安全の視点からは問題になりませんが、生食を好むわが国にとっては特に注意すべきリスクであることは言うまでもないでしょう。

また、ヒトの健康に悪影響を及ぼさないものでも、強い不快感をもたらすものであることは間違いなく、クレームの原因となります。多くの場合は、加工業者、仲買業者、小売業者がそれぞれ適切な対応をして、消費に悪影響を及ぼさないよう取り組んでいます。一方で、商品を購入した消費者が知識の浅い状態でインターネットやテレビなどを通じて誤った情報を拡散すると、不可逆的な経営損失をもたらすような風評被害を生むこともあり得ます（**図7-1、7-2**）。

これらのことから、水産物を扱う企業の中でも、特に品質管理および製造部門、営業部門の方々は、寄生虫に対する正しい知識と対応策、および風評被害に発展しないようにする流通上の企業間連携について、日ごろから取り組んでおかなければなりません。

日本人の90%以上は情報元をマスメディアに依存しています。しかし、テレビやインターネットの情報が正確であるという保証はない上、中には意図的に歪んだ情報を流す人もいます。このような状況が風評被害発生の温床となっています。

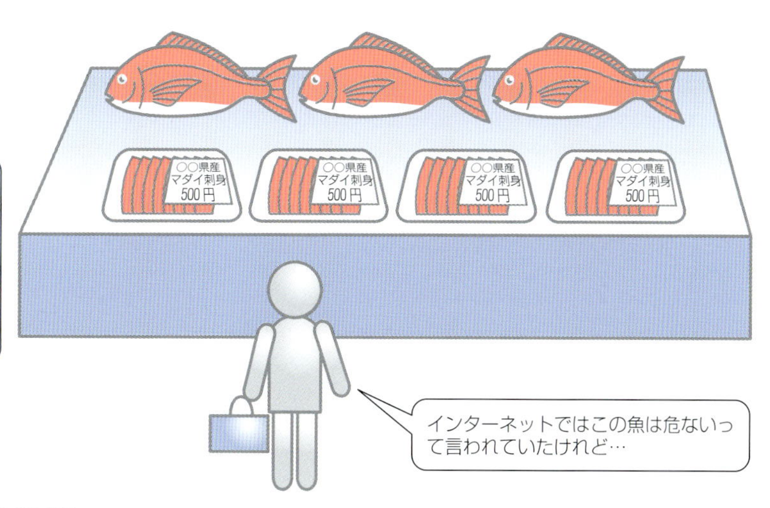

図7-1　誤った情報による消費の減退
インターネットやテレビでは誤った情報が流出している場合があるが、消費者はその情報を信じて商品を購入するため、消費の減退につながる。

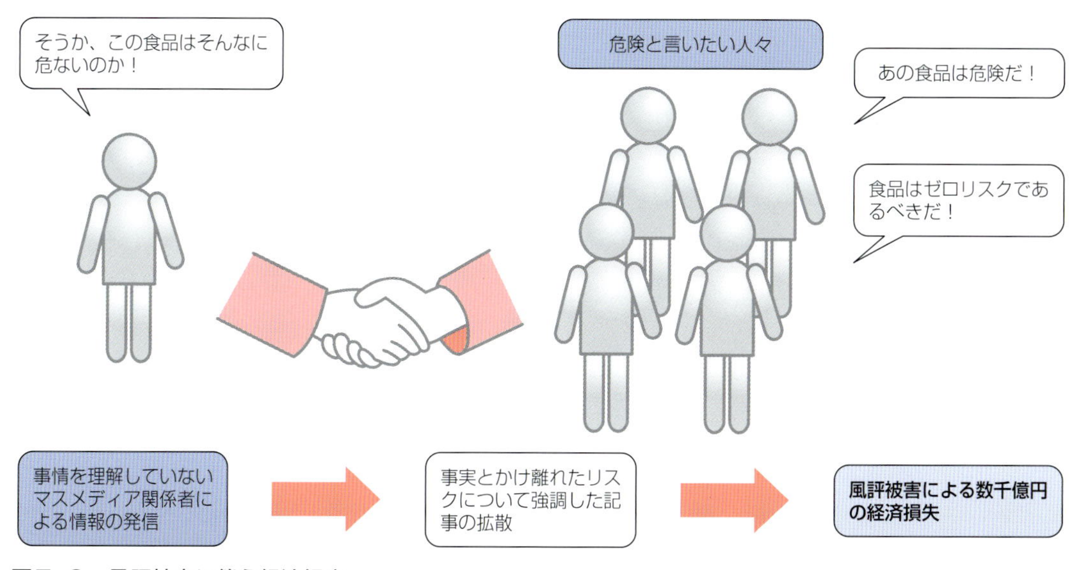

図7-2　風評被害に伴う経済損失
誤った情報が拡散されると風評被害が拡大し、莫大な経済損失を生んでしまう。この経済損失は現実的に人の生活を奪うほか、あらゆる予算を玉突きで奪い、人の命をもむしばむ。

天然魚由来の寄生虫

寄生虫は自然界においてありふれたものであり、多くの魚に当たり前に寄生しています。例えば、たびたびニュースで取り上げられるアニサキスは海産哺乳類を終宿主にする寄生虫であり、スルメイカ、スケトウダラ、サケ、サバなどに広く存在します（90頁参照）。

本来、ヒトには感染しませんが、誤って生きたアニサキスを経口摂取した場合、胃酸から逃れようとしたアニサキスが胃壁に潜り込もうとして激しい胃痛を引き起こすことが知られています。なお、水産物がアニサキスで汚染される原因は、商品となる水産物のエサにあります。

天然のサケやマスを冷凍せずに生食すると、日本海裂頭条虫が寄生し、8ｍもの虫を自身の腸管に飼うリスクにつながります。ただし、多くの海産魚の場合、リスクの高さは経験的に知られており、致命的な健康リスクを生むものは少なく、また、本来どの魚種のどの部位を生食すると感染するのかということが多く知られているため、回避しやすいと言えます。

経験的に避けてきた例をあげると、海産サケ・マスを生食する場合は、必ずいったん凍結して薄切りにする「ルイベ」という形態がとられてきました。これは日本海裂頭条虫の幼虫であるプレロセルコイドが、凍結によって死滅する性質を利用したものであると言われています。しかし残念ながら、このような知識はかつて社会的な一般常識であったものの、徐々に失われつつあるという点に注意が必要です。少なくとも食品を共有する側にある企業は、従業員に正しい知識を与える努力が不可欠です。

先述したように、本来天然のサケ・マスはルイベのような凍結解凍でしか生食提供できません。しかし極めて寄生虫リスクが低い養殖サーモンが供給されるようになり、生食が一般的になってから20年ほど経過したことで、天然のサケ・マスを凍結せずに生食し、条虫やアニサキスの被害にあうケースが報告されています。

海産魚の場合、少なくともわが国で一般的に供給されている魚類においては、命にかかわるほど重篤な健康被害をもたらす寄生虫はありません。一方で、天然の淡水魚では致命的な健康被害をもたらす寄生虫が存在します。例えば、過去にライギョを生食したことで顎口虫に感染し、重篤になったケースがあります（オオクチバスや天然ナマズ類からの感染例もある）。

なお、顎口虫の感染経路は第１中間宿主のケンミジンコから始まり、カエルなどの両生類が第２中間宿主になって、それを捕食した肉食性の淡水魚類が感染することが知られています。また、肝臓や肺に感染する吸虫類も、淡水魚の生食によって生じるケースがあります。この事例は、美食家で知られる故・北大路魯山人氏の死因であるとも言われています。

アユに感染する横川吸虫は、アユを生食した場合に軽い健康被害をもたらしますが（多くが無症状もしくは下痢を発症する程度）、全国に広く分布しているにもかかわらず、最近はあまり食品業界でも十分な情報が共有されていません。また、健康被害はもたらさないものの、商品価値を落とすものとしては、夏場の天然ブリに高頻度で感染するブリヒモセンチュウがよく知られています。そのほか、ソイに感染する微胞子虫のシストも商品価値を損ないます。

養殖魚の寄生虫

養殖魚の場合は、健康被害をもたらす寄生虫の感染が少ないものの、商品価値を損なうことは間違いありません。

健康被害をもたらすものとしてよく知られているものは、ヒラメで発生がみられる粘液胞子虫のクドア・セプテンプンクタータです（106頁参照）。稚魚の段階で感染し、感染した成魚を加熱も凍結もせず刺身で食した場合、腹痛や下痢を引き起こす食中毒の原因になります。

そのほか、健康被害はありませんが、ブリに当たり前のように感染するべこ病（微胞子虫）は、筋肉内に米粒様のシストを形成するため、商品価値を著しく低下させます（22頁参照）。筋肉内に散在するシストは食欲を損ない、確実に商品の減耗につながるため、経営上、大きな問題になります。べこ病は、稚魚期の大量感染によって養殖魚が飼育中に減耗する原因となるため、注意すべきリスクです。

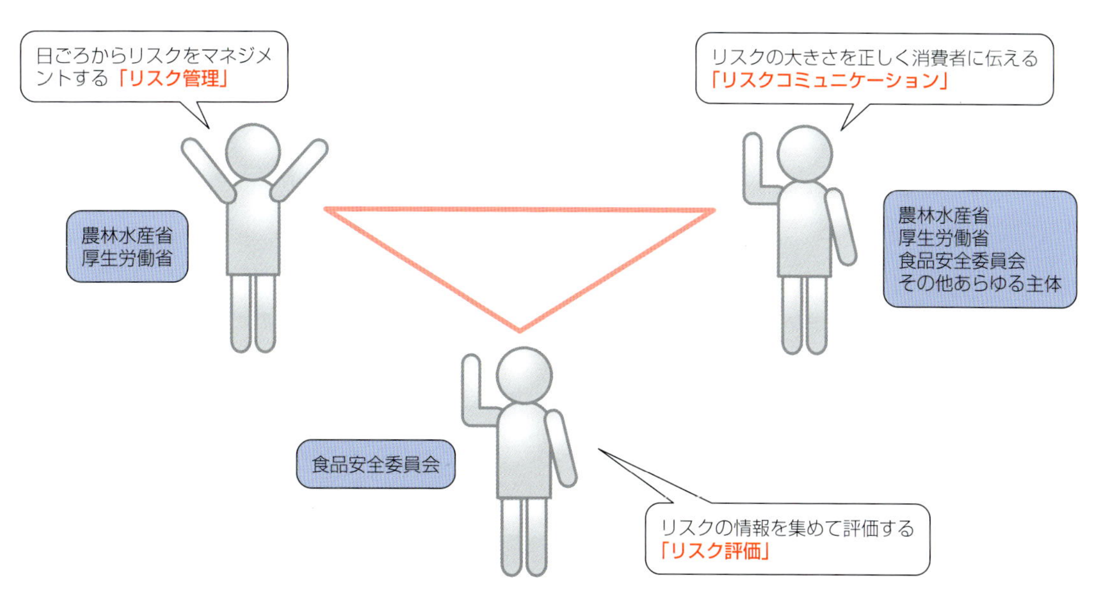

図7-3　リスク分析を成立する3つの条件
リスクから産業や社会を守るためにはリスク分析が必要となる。リスク分析は、①リスク評価、②リスク管理、③リスクコミュニケーションの3つの条件によって成り立つ。

寄生虫のリスクアナリシス①：食品リスクがある場合

このように、天然魚と養殖魚に分けて寄生虫のリスクを整理すると、健康被害をもたらすものともたらさないものがあります。生食する場合に限ってリスクがあり、天然魚であるか養殖魚であるか、海産魚なのか淡水魚なのかによって分類することが可能です。

それぞれのリスクに関しては、既に厚生労働省や食品安全委員会において、ほとんどリスク評価が十分にされているため、重要なのは、リスクマネジメントとリスクコミュニケーションとなります（**図7-3**）。その中でもまず重視すべきは、食品リスクが存在する（健康被害をもたらす）ケースです。

リスクマネジメント

水産物の寄生虫に関するリスクマネジメントで重要なのは、天然魚を扱う場合、①魚種（リスクの性質が魚種ごとに異なる）、②内臓の除去状況（生きているアニサキスは魚類の内臓に存在しており、死後に筋肉へと移動する。イカの場合は外套膜の下にいるので異なる）、③鮮度（鮮度が落ちるとアニサキスは筋肉に移動することがある）というリスクの性質に関する情報を正しく判別し、生食が可能かどうかという判断を加工・小売の段階で正しく行わなければなりません。

生食で提供するものの場合、リスクの所在を確認し、それが十分に小さいものであることを、人間が情報に従って判別しなければなりません。なぜなら、リスクはX線探知機や金属探知機で異物として検出できるものではないからです。つまり、リスクマネジメント上で最も重要なことは、魚を扱う現場の人間に対してリスクに関する教育を行うということです。

職人であれば、経験則で多くの知識を有していますが、アルバイトを雇用するような形態での加工や調理を行っている場合は、文章化して教育することが不可欠です。管理者が担当者の教育を行うと同時に、常に情報を把握しておかなければならず、「これまで問題がなかったから今後もないだろう」は通用しません。

国際的にみれば、アメリカのニューヨークのように、凍結していない魚の生食での提供を禁止している所も存在します。HACCPでは、調達の段階で原料が寄生虫に感染していないものであることを求められますが、実際は、サケ・マスやタラ、イカなど、魚種によっては高い確率で寄生虫が存在しており、凍結のプロセスでCCP（Critical Control Point、重要管理点）をクリアするという対策が必要です。

養殖魚の場合、寄生虫リスクは天然魚と比べて大幅に減少します。ただし、先にも述べたように、魚種ごとでその性質は異なり、また、産地ごとでもそのリスクが異なることから、作業従事者や管理者は天然魚と同等のリスクに関する知識と情報を有していて、使いこなせなければなりません。

ヒラメは先のようなクドアのリスクが局地的に存在しており、生産段階で十分な管理が必要です。特に、加工や流通、小売を行う企業は産地に関する情報に注視する必要があります。また養殖業者も、種苗の由来はどこか、周囲の養殖場で同様の問題が発生していないかという情報を、各水産試験場を通じて得ておくことが求められます。

クドアのような寄生虫は集団食中毒の原因となり、食中毒発生時にはその食品を提供した小売業者（外食企業など）がまず大きな経営的なダメージを受けます。従って、調達段階ではトレーサビリティが確実なものを優先すること（HACCPのリスクマネジメントでは当然）が重要です。一方で、「養殖魚であれば安全」とは言い切れないことを、養殖業者も理解しておかなければなりません。

寄生虫の多くはエサ由来で感染するため、飼料の段階で寄生虫が死滅していれば問題にはなりにくいでしょう。EPで育成している場合は、種苗段階での感染以外のリスクは小さくなります。特にアニサキスはサバに感染していることが多く、凍結していないものを生餌として与えた場合は、当然、寄生虫リスクが高まります。このリスクを下げるという観点からは、生餌であっても凍結保存されているものを用いるべきであり、生産者は寄生虫がどのようなプロセスを経て生産物に入り込むのかを知った上で、自社のマネジメントを行うことが求められます。

リスクコミュニケーション

寄生虫に関するリスクコミュニケーションは、食品リスクが存在する場合、生産者から小売業者までが正しい理解を共有するところから始まります。例えば、リスクが存在するものであっても、「商品を凍結すればそのリスクは極小化される」という知識を共有できていれば、消費者の口に入る前に実際のリスクが極小化されます。

また小売業者は、「特定の魚種に関するリスクが高いという事実があるが、それに対して十分な対策を行っているので安全性が担保できている」という事実を消費者にメッセージとして伝えるべきです。この点は優良誤認を恐れるという視点から、小売業者が二の足を踏む傾向にありますが、寄生虫のリスクにおいて最も良くない対応策は、「何もせず時間が解決してくれるのを待つ」という方法です。

これは時間が解決するのではなく、単純に消費が別の商品にシフトしているという事実を直視していないだけです。消費者が誤った情報と不安によって、風評被害を引き起こす片棒を担いでしまうことがあるということを理解していれば、まずは正しい情報（リスクの性質と所在、最適な対策を行っていること）を店頭で示す必要があります。

風評被害を防止する際に最も重要なことは、消費者を味方につけるということです。消費者

食品安全委員会

批判および反対意見

「科学」とは学会などの査読を通じ、認められたものを事実としています。
食品安全委員会は、科学者の中でも各分野の権威を集めて議論する場であり、同委員会以上に科学的に判断できる機関は日本国内にはありません。

個人では科学的根拠がない。
科学的根拠にならない。

図7-4　科学的根拠の周知
「科学」は学術的に公認されており、"言ったもん勝ち" になるものではない。日本における科学的根拠は食品安全委員会によって決められている。

が味方になるということは、その商品やその企業を消費者が愛することでもあるため、背景には深い「信頼関係」が必要です。つまり、正しい情報の提供と確かなリスクマネジメントによってリスクが極小化されているのです。

真摯な姿勢で食品リスクを下げようとすることは、消費者にとって「安心」を与えることになり、それが信頼という「社会資本」を形成することにつながります。このように、リスクコミュニケーションとは消費者との情報共有だけでなく、真摯な姿勢を可視化することによって、風評被害のきっかけとなる不信感を生じさせない構造をあらかじめ作るところにあります。

寄生虫のリスクアナリシス②：食品リスクがない場合

ブリ線虫やべこ病のように、実際にはヒトに健康被害をもたらすようなリスクではなくても、みた目の悪さに起因する心理的嫌悪感から、風評被害が発生するリスクは十分にあります。業界ではありふれたことなので、一喜一憂せずに対応していると筆者は感じていますが、加工や小売の段階で徹底したスクリーニング（寄生虫感染の有無を商品ごとに判別して仕分けること）が必要であることは周知の事実です。

●リスクマネジメント

食品リスクとしては問題ないものの、商品価値を著しく損なう寄生虫に関しては、加工段階のスクリーニング機能が求められます。対象となる魚を加工する段階では、その原料の安全性に関して十分な目利きを行うことが求められますが、これは先に述べたように、HACCPでも規定されています。

天然魚の場合、漁獲段階で寄生虫リスクをコントロールすることは実際には不可能で、加工段階でしかコントロールできません。無論、加工業者にとっても、寄生虫が含まれる商品を小売業者に共有したとなると、確実に小売業者からクレームを受けることになります。つまり、必然的に加工企業は徹底した管理を行わなければならないということです。

養殖魚を扱う場合も、スクリーニングの機能は加工業者に求められます。しかし、原魚に問題があれば加工段階で明確に分かるので、その場合は養殖業者（あるいは仲介した問屋）に不良品としてその分の代金を差し引かせることは当然です。このことから、結局、スクリーニングの機能は加工業者（あるいは流通業者）に求められることになりますが、最終的なコスト負担は養殖業者になり、養殖業者はできる限り寄生虫に汚染されないようなマネジメントが必要です。また、多くの場合は稚魚段階で寄生虫に感染することから（特に被害が大きいブリ類のべこ病も稚魚期の感染）、先述の通り、感染リスクを最小化すべく水産試験場などの指導を得つつ、より良い種苗を入手する必要があります。

●リスクコミュニケーション

実際には食品安全性に問題のない寄生虫の感染であっても、風評被害を引き起こす可能性があります。なぜなら、消費者の多くはその寄生虫が食品安全性において問題を起こすかどうかという情報は有しておらず、みた目が不快なだけで十分に「不安」になり得るからです。

多くの消費者は、不安な気持ちにさせられたという感覚を、より多くの人間に共有したいという気持ちになりやすく、悪意を持って拡散されると容易に風評被害に直結します。このような状況を引き起こさないために、リスクコミュニケーションを徹底する必要があります。

共有すべきは対象となる寄生虫が「食品安全性には問題がない」という科学的根拠を示しつつ、それが消費者の手元に至らない管理体制があることであり、何より重要なのが、発生時の対応を販売スタッフに周知しておくことです（**図7-4**）。

例えば、Webページに、水産物に混入する異物の情報をQ＆Aを含めて記載しておくことや、消費者から問い合わせがあったときにすぐに対応できるように、電話対応者にQ＆Aを十分に理解させておくこと、あるいは店頭の社員が十分な説明ができるようにトレーニングしておくことなどが求められます。繰り返しますが重要なのは、あらかじめ準備しておくことと、発生時に真摯な姿勢で迅速に対応することであり、初動が遅くなれば致命的な損失につながり得ると理解しておかなくてはなりません。

その他の注意すべき点

このように、寄生虫に関しては正しい情報とそれぞれの性質に対して的確な対応を行うことが肝要ですが、その他にも注意すべき点があります。具体的には、正しい情報を有していない人が安全性が十分に担保されていない商品を提供するケースが後を絶たないということです。実際に、飲食店の経営者が凍結していない天然のサケを刺身で提供し、アニサキスによる健康被害を引き起こしたケースは、典型的な例です。

このように、小売段階（特に外食）で、寄生虫に関するリテラシーの水準が低いということが、特に注意すべき点であり、その結果、健康被害が発生し、対象となる水産物あるいは水産物全体の消費が減退することもあり得るため、食品を供するものは十分な知識を持つよう、業界としても啓蒙活動を行う必要があるでしょう。

（有路 昌彦）

消費者の認知とリスクコミュニケーション 7-2

[ここでのポイント]
- 事故や犯罪、火事、食中毒、自然災害、疾病などのハザードとそれが発生する確率に関する概念を「リスク（risk）」と呼ぶ。
- 消費者は発生頻度の低い事象を過大視し、発生頻度の高い事象を過小視する傾向がある。
- 消費者はゼロリスク（リスクが全くない状態）を求めがちだが、どのような事象にもゼロリスクということはあり得ない。
- リスク分析は、①リスク評価、②リスク管理、③リスクコミュニケーションの３要素で構成される。リスクコミュニケーションは、全ての利害関係者間でのリスクに関する情報や意見の相互交換であり、利害関係者との信頼関係の構築が重要となる。

リスクの定義

交通事故、犯罪、火事、食中毒、各種の自然災害や疾病など、私たちはさまざまな危険（ハザード：hazard）に取り囲まれながら生活しています。このようなハザードとそれが発生する確率に関する概念はリスク（risk）と定義されます（**図7-5**）。

当然のことながら、本書の主題である水産食品を消費者が食する際にもさまざまなリスクが存在しています。ここでは、リスクに対する消費者のとらえ方や行動の特徴、それに対する対策としての食品分野におけるリスクコミュニケーションについて紹介します。

リスク＝ハザード（望ましくない事象の重大さ）×ハザードが発生する確率

図7-5　リスクの定義[7-1)]

資料：National Research Council（1989）を参考に作成

消費者のリスク認知

●リスク認知の特徴

私たちは日常生活の中で、意識しているかどうか、また正確な状況を把握しているかどうかはともかく、さまざまなリスクを評価しながら、行動しています。このような人々によるリスクの認知のあり方はリスク認知（risk perception）と呼ばれます。ここで、一般の人々のリスク認知の特徴について、リスク認知研究の分野で基本的かつ古典的と言える研究成果を２つあげます。

１つめは「一次バイアス（the primary bias）」と呼ばれ、「人が、ある物事が起こる頻

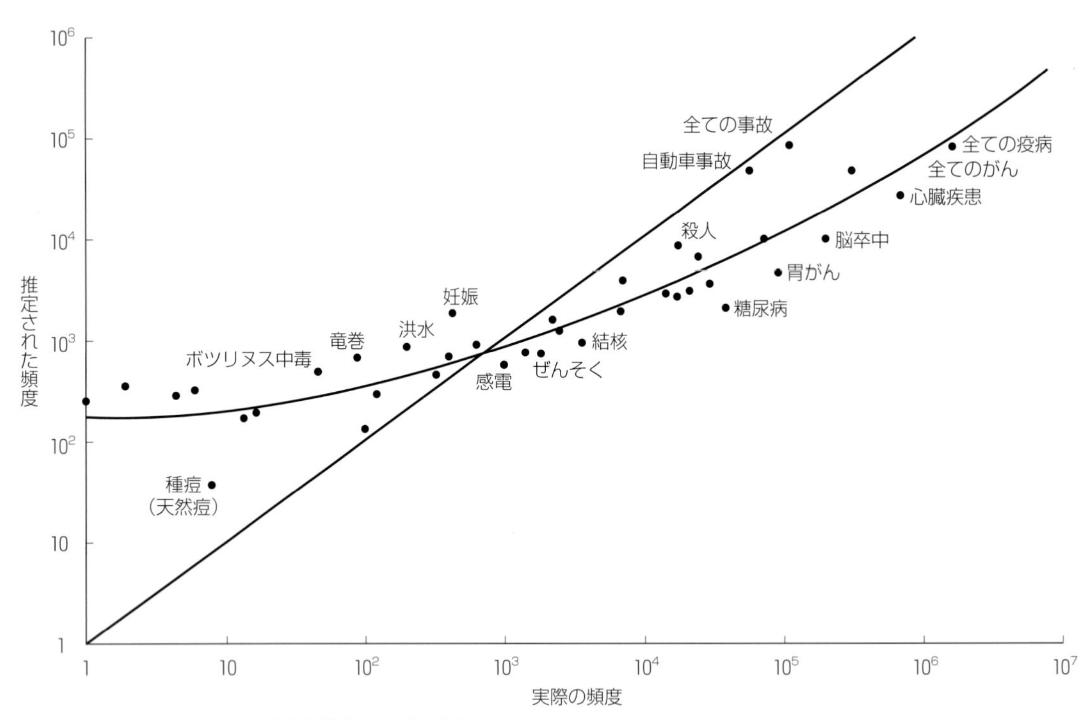

図7-6　死因についての頻度推定の一次バイアス

資料：中谷内一也編（2014）[7-2]

度を推定する場合、実際には低頻度の事柄を過大視し、逆に、実際には高頻度の事柄を過小視する一般的な傾向」を示したものです。**図7-6**に、リクテンシュタインら[7-3]による研究成果を示しました。リクテンシュタインらは、一般学生を対象に、自動車事故による年間死亡者数のデータを提供した上で、糖尿病やぜんそく、洪水などの40種類の死因によって、毎年死者がどの程度発生しているかについての推定を依頼しました。実際の死亡者数と推定死亡者数が一致していれば、それぞれの死因は対角線上に位置するはずですが、**図7-6**をみると、実際の発生頻度が低い死因は過大に推定され、実際の発生頻度が高い死因は過小に推定されていることが分かります。

2つめは「リスク認知の2因子モデル」と呼ばれ、一般の人々のリスク認知に関連する要素を抽出し、互いに関係が深いものをまとめたものです。**図7-7**に、スロービック[7-4]による研究成果を示しました。スロービックは一般の人々を対象に、原子炉事故、自動車事故、水銀、カフェインなどの81種類のハザードの評価を依頼しました。具体的には、各ハザードについて、「観測されやすいかどうか」、「新しいかどうか」、「恐ろしいと思うかどうか」、「次世代に影響が残るかどうか」などの計15項目の評価を依頼し、因子分析という手法を用いて、「恐ろしさ」、「未知性」という2つの因子を抽出しました。ここでの「恐ろしさ」とは、一度に多くの人が巻き込まれるもの、コントロールができないものといった意味を持つ事象を指します。一方、「未知性」とは、新しいもの、科学的に明らかではないものといった意味を持つ事象を指します。

図7-7では、「恐ろしさ」、「未知性」の2つの因子を軸として、各種のハザードがプロットされています。このように、ハザード（リスク）の種類ごとに消費者のとらえ方は異なって

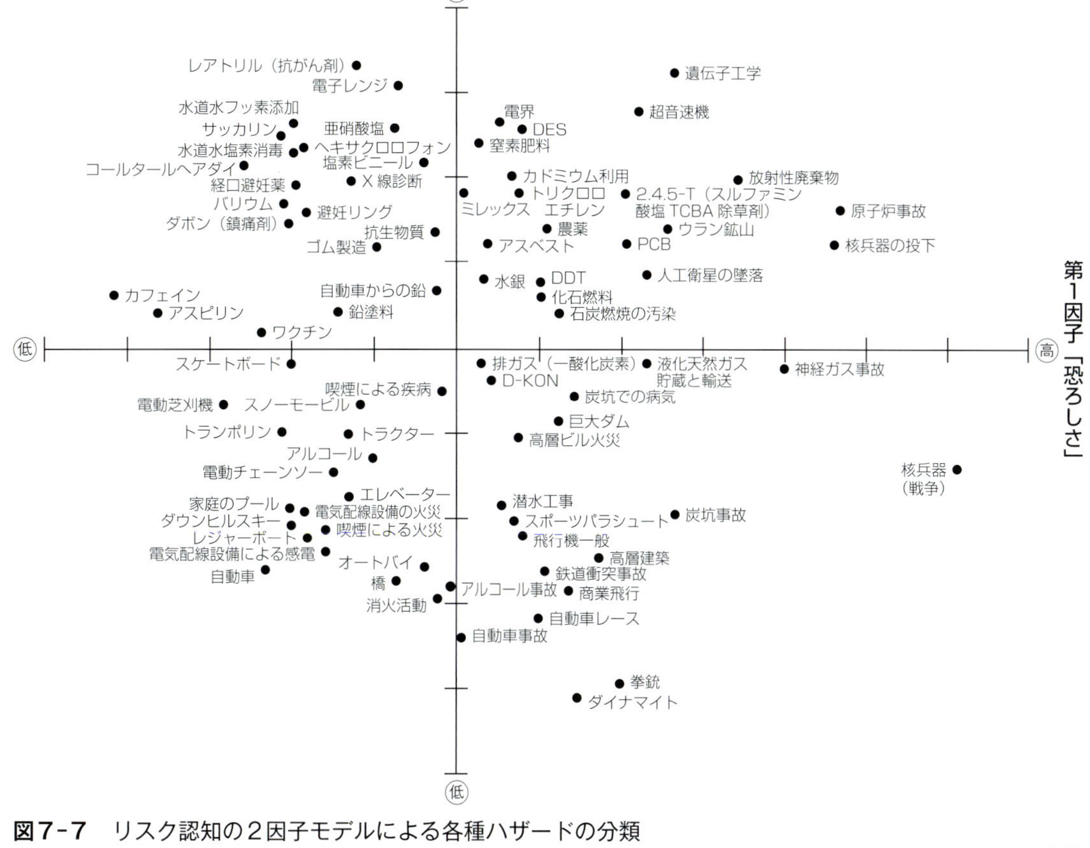

図7-7　リスク認知の2因子モデルによる各種ハザードの分類

資料：中谷内一也編（2014）[7-2]

きます。また、この分析では、原子炉事故のように「恐ろしく」かつ「未知性が高い」に分類されるリスクに対して、大きなリスクであると見積る傾向があることも明らかにされています。これらの研究成果は海外のものですが、日本にも通じる点が多いと言えるでしょう。

● ゼロリスク症候群の存在

日本の消費者の傾向として、「ゼロリスク症候群」の存在も指摘しておきます。どのような事象にもリスクが全くない（ゼロリスク）ということはあり得ません。莫大な費用をかけてリスク低減対策を行ったとしても、予期しない事故が発生することもあります。

しかしながら、消費者はゼロリスクを求めがちな場合があります。これは、個人レベルの対策では対応できないような種類のリスクに対して生じることが多い傾向にあります。例えば、2000年代初頭に発生したBSE（牛海綿状脳症）問題の際には、「政府レベルで完全なる安全を保証するような対策を求める」といった要望が多くの消費者から寄せられました。

また、「人為的な活動に伴う事故や産業活動の副産物などの影響ではゼロリスクが求められやすく、特に、原子力関連の事象と医療にはその要求が強い」といった日本国内における調査結果もあります。ゼロリスクという神話を信奉する消費者に対して、どのようなアプローチを行うかという点は重要なテーマとなっています。

● メディアリテラシー

消費者はメディアによる報道からの影響も受

けます。これは風評被害の発生とも密接に関連しています。

現在は情報過多であり、情報の選別が求められる世の中になっています。しかし同時に、情報の質に目を向けると偏りも存在します。リスクの評価や管理に必要となる重要な情報を限られた関係者のみが所有し、それらの一部のみがメディアを通じて、社会へと広く伝達されることがあります。

また、十分な裏付けがないままに報道がなされたり、過大な内容が報道されたりすることで、情報の受け手側が疑心暗鬼となり、不安の連鎖が生じます。その結果として、特定の産物の不買運動が行われたり、店頭から姿を消したりするという事象が発生します。

また、最近は、LINEやTwitter、FacebookなどのSNS（ソーシャル・ネットワーキング・サービス）の普及が顕著にみられます。一定の知識さえあれば、消費者も単なる情報の受け手にとどまらず、情報の発信者になること、そして住んでいる場所も年齢も職業も異なる人たちと、双方向のコミュニケーションを行うことが容易になりました。フェイクニュース（虚偽の情報で作られたニュース）の問題も世界レベルで深刻化しつつあります。

このような世の中であるからこそ、誰が発信する、どの情報が正しいか、信頼できるかを常に考えることが必要です。メディアリテラシー（メディアによる情報を評価・識別する能力）が一層問われる時代になったと言えます。

リスクコミュニケーション

●リスク分析とリスクコミュニケーション

これまで紹介してきた通り、消費者のリスク認知にはある種の特徴がみられ、また、個人による差異も存在します。日本では、ゼロリスク症候群やメディアリテラシーの不足といった問題も根深いものがあります。そのようななか、多種多様なリスクに対してどのように対処すべきなのでしょうか。

基本的な方針は、リスク分析（リスクアナリシス：Risk Analysis）の枠組みに基づいて行動を取ることでしょう。リスク分析とは、リスクがゼロではないことを前提に、リスクの大きさを正確に評価し、管理していこうとする枠組みです（**図7-8**）。

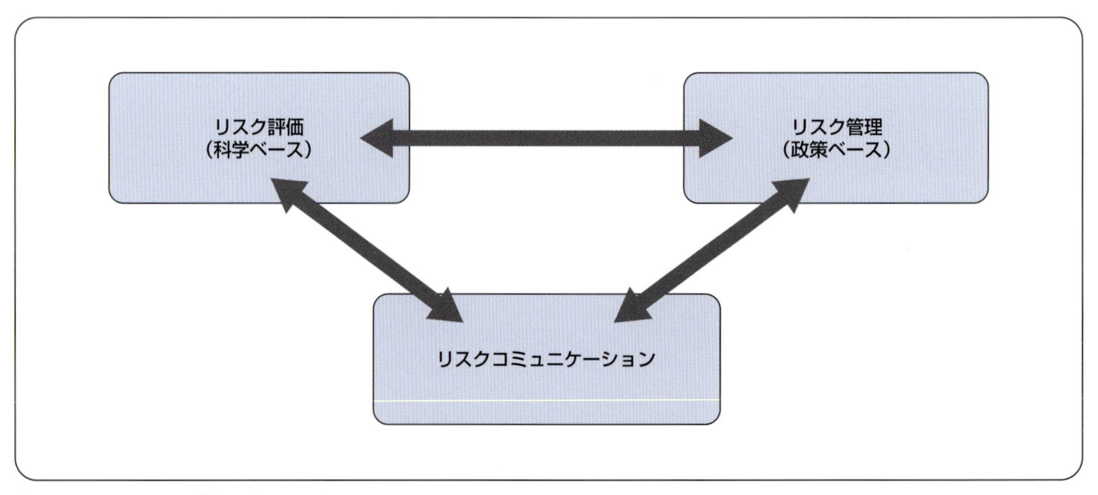

図7-8 リスク分析のイメージ

日本では、ヨーロッパと同様、BSE問題の発生がきっかけとなり、2000年代にリスク分析の考え方が導入されました。リスク分析は、①リスク評価、②リスク管理、③リスクコミュニケーションの３要素で構成されます。これら３つの要素が相互に作用し合うことによって、より良い成果が期待されます。

このうち、リスクコミュニケーションとは、全ての利害関係者（ステークホルダー）間でのリスクに関する情報や意見の相互交換であるとされます。これらの相互交換はメディアを通じて行われる場合もありますし、対話や意見交換などのより直接的な方法で行われる場合もあります。

リスクコミュニケーションの一般的な手順を**図7-9**に示しました。手順としては、リスク評価やリスク管理についての情報を伝えることが最初のステップとなりますが、これだけでは十分とは言えず、利害関係者との意見の交換を通じて相互理解を深めることが重要です。そして、利害関係者とのコミュニケーションをさらに深めていくことで、責任の共有や信頼の構築を目指そうというものです。

リスクコミュニケーションは、専門家や行政機関、企業などが一般市民を説得するための手段（一方向のアプローチによる情報伝達）ではなく、双方向性のアプローチにより、立場の異なる利害関係者が互いのことをより深く理解し、信頼構築を通じて、リスク低減への対応を促進するためのものであると筆者は強調します。

また、利害関係者についても注意が必要です。日本ではリスクコミュニケーションと同様、まだあまり馴染みのない概念かもしれませんが、利害関係者には、専門家、行政機関、企業、NPO団体、メディア、消費者など、ありとあらゆる主体が含まれる可能性があります。リスクコミュニケーションの活動を行う際には利害関係者を特定することとなりますが、幅広い視点を持って対応することが望まれます。

①リスクについての情報を伝える
②利害関係者間で意見の交換をする
③利害関係者間で相互の理解を深める
④利害関係者間で責任を共有する
⑤利害関係者間で信頼を構築する

図7-9　リスクコミュニケーションの一般的な手順

企業によるリスクコミュニケーションの課題

また、企業によるリスクコミュニケーションの課題についても指摘しておきます。これまでも、食品事故を起こした企業のその後の対応の不手際により、不買運動の拡大や当該企業の社会的評価の低下、最悪の場合には、企業自体が廃業に追い込まれるといった事態が生じてきました。これらの失敗は企業の経営環境の悪化に直結するため、日ごろからリスクコミュニケーションについての戦略を練ることや、体制構築とその実践が望まれます。

例えば、企業戦略におけるリスクコミュニケーションの位置付けの明確化、経営陣・従業員の意識改革、関連部署間での役割分担の明確化と連携の強化、各種コミュニケーションツールの作成、リスクコミュニケーターの養成・確保などを行うことが求められます。このうち、立場や思惑が異なる利害関係者間で行うコミュニケーションにあたっては、それぞれの立場やリスクをめぐる状況を理解し、つなぎ役を果たすリスクコミュニケーターの存在がとても重要となります。

リスクコミュニケーターには、専門的な知識とコミュニケーションスキルを活かし、特定の主体からの情報を鵜呑みにするのではなく、利害関係者が互いに意見を出し合い、リスクを低減するための方法について考える場をコーディネートすることが求められます。一般消費者のように、特段の専門知識を有していない層が対象となる場合には、事象を分かりやすく伝える要約力や表現力も重要になり、非常にタフな役割です。

リスクコミュニケーターの担い手としては、専門家、政府関係者、企業関係者などが想定されますが、どの立場の者が相応しいかはケースバイケースです。リスクコミュニケーター養成の取り組みは徐々に進みつつあります。企業においては、社内でリスクコミュニケーターを養成する、あるいは、外部機関に所属するリスクコミュニケーターとの連携をはかるなどの対応が必要でしょう。

なお、リスクコミュニケーションは平時に行われるもので、大規模な食品事故の発生といった緊急時に行われるクライシスコミュニケーションとは区別されることが一般的です。いずれにおいても、コミュニケーションの相手の立場になって行動すべき点や、必要とされる情報を正確かつ迅速に伝達すべき点は共通していますが、クライシスコミュニケーションでは人命確保を最優先として、即時性のある対応が求められます。

企業においては、リスクコミュニケーションと併せてクライシスコミュニケーションに備えることも重要と言えるでしょう。

今後に向けて

ここでは、リスクに対する消費者のとらえ方や行動の特徴、それに対する対策としての食品分野におけるリスクコミュニケーションについて紹介してきました。リスクと無関係な人・組織は存在しません。水産食品を取り扱う企業においても、リスクコミュニケーションの意義を認識し、企業活動に適切に取り込むことが求められます。

「リスクへの対応」というとネガティブな印象を持つ方がいるかもしれませんが、リスクコミュニケーションの実践により、利害関係者との相互理解を深め、さらには信頼関係の構築をはかることができれば、企業活動の追い風にもなり得ます。リスクコミュニケーション自体の認知度の向上と併せて、リスクコミュニケーションの実践者の拡大が期待されます。

（大石 卓史）

養殖魚の衛生・品質管理に対する消費者の反応・評価 7-3

[ここでのポイント]
- 消費者の多くは、価格を抑えつつも、水産物そのものの品質や衛生状態を重視する傾向がみられる。
- 「産地」や「ブランド」を重視する消費者は市場全体の2割程度の規模である。
- 養殖業者や水産加工業者では食品安全に向けた取り組みが増加しており、衛生・品質管理の第三者認証を受ける事業者も少なくない。重要なのは、このような業界の取り組みを消費者に認知していくこと、そして消費者の支持を得ることである。

水産物に対する消費者の意識

古今東西、食品安全性に対する消費者の関心は低いものではありません。養殖水産物においてもその例外ではありません。

●リスクコミュニケーションの難しさ

日本では、2001年のBSE騒動の発生以降、リスク分析の枠組みが導入され、食品安全行政の体制が大きく変化しました。リスク分析の考え方とは、126頁でも紹介しているように、①リスク評価、②リスク管理、③リスクコミュニケーションの3つの柱でリスクを低減していく方法です。

わが国においては、食品のリスク評価は食品安全委員会が、リスク管理は農林水産省および厚生労働省が所管しています。最後のリスクコミュニケーションは、行政だけでなく、食品の供給者側や最終需要者、つまり消費者がリスクについて双方向のコミュニケーションを行い、リスクに対する理解を醸成することが求められています。

ところが、リスクコミュニケーションは容易ではなく、また課題となっています。生産者・加工流通業者や消費者とのリスクコミュニケーションの重要性が叫ばれる一方で、現在もなお、とある食品安全を脅かすような情報が報道されると、それが事実かどうかに関係なく、消費者の買い控え行動が起こり、話題となった食品やその関係者は少なからず経済的な影響を受けてきました。

特に食品についてはその影響は受けやすいものです。なぜなら、比較的高価な住宅や自動車などとは異なり、食品は安価で経済的に代替性が高いからです。例えば、ある水産物の食品としての安全性に疑いが生じた場合、同じタンパク源である肉類や卵に消費がシフトしやすいということです。

さらに消費者は、食品の購入にあたってそれほど能動的に情報収集を行わないという側面も重要な点としてあげられます。消費者の多くは家事や仕事で忙しく、食品購入時に念入りに情報収集する時間を確保しにくいのが現状です。毎日購入する食品であるがゆえに、住宅や自動車と比べて情報収集を行わないのです。

そのため、マスメディアあるいは、最近ではSNSなどによる膨大な情報について、その真偽を確かめることなく購買行動をとりやすい傾向があります。なぜなら、情報収集にかける時間などのコストをできる限り下げ、別の食品を購入することが消費者にとっては合理的な選択だからです。

正確な情報を共有する

ただでさえ、日本国内の水産物消費が減少傾向にある近年、科学的に誤りのある情報によって、さらに水産物消費の減少に拍車をかけては、業界にとって大きな損失になりかねません。

特に養殖業界では、養殖業者や技術者の不断の努力の結果、エサをはじめとする養殖技術が日進月歩で発展し、養殖水産物の食品安全性は飛躍的に向上しています。しかしながら、生産技術や衛生・品質管理技術については、生産者や加工流通業者と消費者との間で情報量のギャップが大きいことも事実です。従って、今、業界全体としてこのような課題に対応することが求められています。

一方で、生産者や加工流通業者による養殖技術や養殖魚の食品安全性についての情報提供は、これまでも行われてきました。情報提供やリスクコミュニケーションの必要性が叫ばれて久しいですが、消費者は養殖水産物について、実際にどのような認知を有しているのでしょうか。また衛生・品質管理について、どのような評価をしているのでしょうか。

そこで本節では、2014年1月に近畿大学水産経済学研究室が実施したインターネットアンケート調査のデータを紹介しながら、このような食品安全性に対する養殖業界の取り組みや課題に対する消費者の反応について整理し、今後の効果的なコミュニケーションのあり方を考えてみたいと思います。

消費者がブリ・ハマチを購入する際に重視する点

通常、消費者はどのような点を重視しながら、ブリやハマチなどの魚を購入しているのでしょうか。アンケート調査からその実態についてみていきましょう。

消費者が重視する項目についてのアンケート調査の実施

図7-10に、「価格の安さ」を含めた11項目について、消費者に重視する程度に関するアン

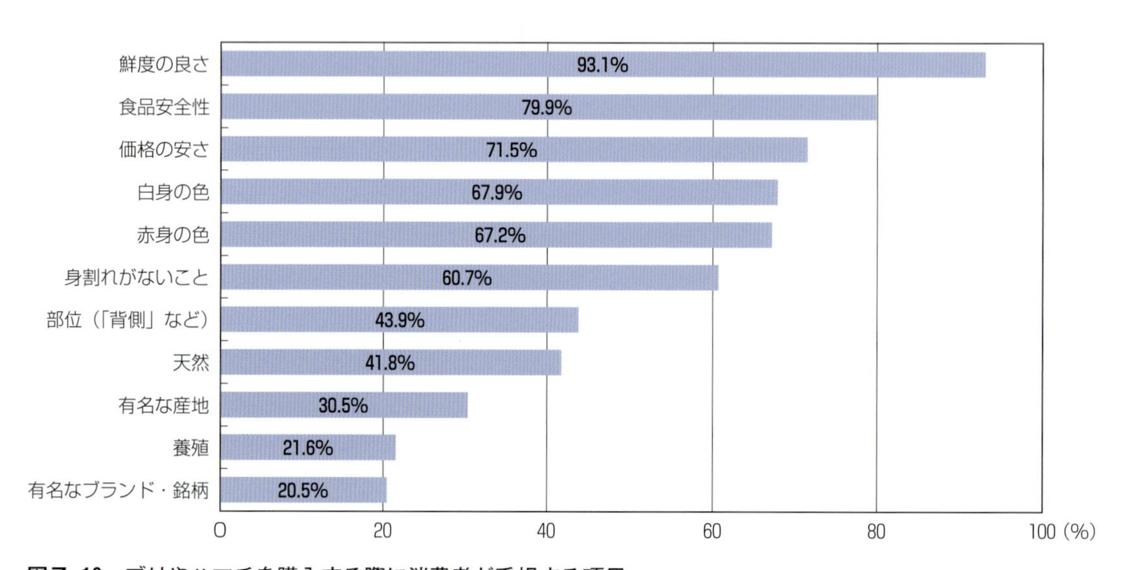

図7-10　ブリやハマチを購入する際に消費者が重視する項目
回答者は953名で、「非常に重視する」および「やや重視する」という回答の合計を数値化した。

表7-1　購入時に重視する項目のグループ分類

項目	グループA (n=274)	グループB (n=268)	グループC (n=218)	グループD (n=99)	グループE (n=94)
鮮度の良さ	99%	80%	99%	100%	96%
食品安全性	86%	57%	87%	100%	87%
価格の安さ	83%	64%	72%	72%	59%
白身の色	95%	14%	89%	100%	63%
赤身の色	96%	14%	85%	98%	61%
身割れがないこと	74%	16%	79%	98%	68%
部位（「背側」など）	40%	16%	57%	93%	54%
天然	0%	21%	95%	100%	40%
有名な産地	9%	6%	26%	100%	98%
養殖	0%	4%	44%	82%	19%
有名なブランド・銘柄	0%	2%	4%	100%	88%

nはそのグループに分類される消費者の人数を指す。また、表中の数値のうち、60%以上80%未満を黄色、80%以上をピンク色で示した。

ケート調査を行った結果を示しました。最も回答が多かったのは「鮮度の良さ」であり、次に「食品安全性」が続いています。このように、「価格の安さ」よりもこれらの項目が上位に位置している点が注目されます。

さらに、「白身の色」、「赤身の色」、「身割れがないこと」を重視する消費者は6割以上に及んでいます。これらの結果から、消費者全体としては購入価格を抑えつつも、水産物そのものの品質や衛生状態を重視しているということが分かります。

消費者全体としてはこれらの結果が得られましたが、一方で、消費者ニーズは多様化していると言われており、それぞれ重視する点が異なることが容易に予想されます。例えば、価格の安さのみを重視する消費者や、安全性を追求する消費者など、さまざまな消費者がいると考えられます。

セグメンテーションによる分類

そこで筆者は、いわゆるマーケティングにおける「セグメンテーション（市場細分化）」と呼ばれる統計分析の手法を用いて、消費者の重視する点の分類を試みました。分類結果は**表7-1**の通りです。

表中の数値は、「鮮度の良さ」などの各項目に対して重視する消費者が、そのグループに登場する確率を示しています。今回の分析では、消費者全体が5つのグループに分類されました。

例えば、グループAでは、「鮮度の良さ」、「食品安全性」、「価格の安さ」、「白身の色」、「赤身の色」を重視する消費者が80%以上の確率で登場することが示されています。つまり、グループAは、品質、衛生、価格の安さを重視する消費者の集まりであるということが分かります。

なお、このグループAに分類される消費者は274名で、消費者全体の約29%を占めていました。同様にして、グループBは「鮮度の良さ」のみを重視、グループCは「衛生」と「天然」を重視、グループDは全ての要素を重視、グループEは価格よりも「衛生」、「産地」、「ブランド」を重視など、それぞれ特徴を持った消費者の集まりに分類されました。

前述の通り、消費者全体としては品質面や衛生面を重視するものの、細分化するとその実態は多様であることが分かります。また、現在多くの産地でブランド化の差別化に向けた取り組みが活発に行われていますが、これらの要素を重視する消費者はグループDやグループEの消費者に該当し、その規模は市場全体の2割程度であることなどが明らかとなりました。

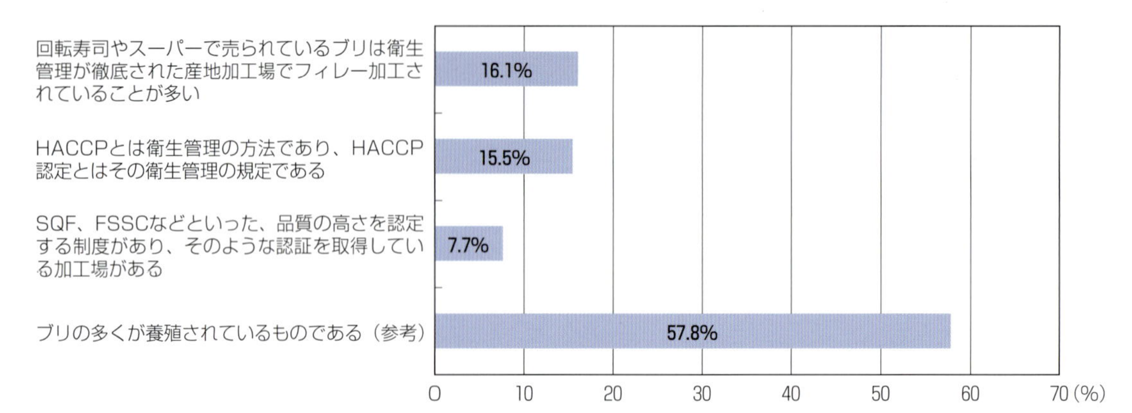

図7-11　ブリやハマチにおける品質・衛生管理への消費者の認知度
アンケート調査により､｢確かに聞いたことがある｣および｢聞いたことがあるように思う｣という回答の割合を示す。

表7-2　品質・衛生管理に対する認知度のグループ群の分類

項目	グループA (n=274)	グループB (n=268)	グループC (n=218)	グループD (n=99)	グループE (n=94)
回転寿司やスーパーで売られているブリは衛生管理が徹底された産地加工場でフィレー加工されていることが多い	14%	7%	22%	36%	29%
HACCPとは衛生管理の方法であり、HACCP認定とはその衛生管理の規定である	13%	11%	24%	23%	21%
SQF、FSSCなどといった、品質の高さを認定する制度があり、そのような認証を取得している加工場がある	4%	4%	13%	18%	16%

グループA・Bが品質・衛生管理に対する認知度が相対的に低いのに対し、グループC・D・Eは相対的に高い傾向がみられた。

養殖魚の品質・衛生管理に対する消費者の反応

前述の分析では、消費者は品質・衛生といった食品安全性を高く重視していることが分かりました。一方で、養殖事業者や水産加工業者は食品安全に向けた取り組みを進めてきたところです。特に近年では、HACCPなどの衛生管理手順を導入したり、SQF（Safe Quality Food）やFSSC（Food Safety System Certification）といった品質管理の第三者認証を受けたりする事業者も少なくありません。

それでは、こうした取り組みについて、食品安全性を求める国内の消費者はどのようにとらえているのでしょうか。筆者らが実施したアンケート調査結果をもとに解説します。

図7-11は、ブリやハマチにおける品質・衛生管理について、消費者の認知度をアンケート調査した結果です。数値は、「確かに聞いたことがある」および「聞いたことがあるように思う」という回答の合計を示しています。

「ブリの多くが養殖されているものである」ことに対する消費者の認知度が57.8%となっているのに対して、寿司ネタの加工における衛生管理に関する認知や、HACCP認定や品質管理認定に関する認知は20%以下と、決して高い水準ではありません。

さらに、**表7-1**で分類した消費者のグループ別に、品質管理・衛生管理に対する認知度を整理すると、**表7-2**のような結果が得られました。なお、各項目について平均（**図7-11**の

表7-3　品質・衛生管理に対する消費者の意見

項目	グループA（n=274）	グループB（n=268）	グループC（n=218）	グループD（n=99）	グループE（n=94）	全体
店頭に並ぶブリやその商品はHACCPのような衛生管理認定を受けた養殖場や加工場で作られるべきだ	65%	44%	68%	71%	74%	57%
食品安全性に関わる養殖ブリの成分は科学的なデータで示してほしい	53%	36%	60%	74%	65%	50%
養殖ブリについて、どのようなエサや飼育方法で育成されたのか情報を公開してほしい	55%	41%	71%	81%	66%	55%
店頭で産地や情報が分かるようなラベルが表示された養殖ブリを優先して買いたい	49%	38%	66%	82%	69%	50%
養殖場や加工場の品質管理が良いことを認定した養殖ブリやその商品を優先して買いたい	52%	40%	72%	80%	64%	53%

アンケート調査により、「そう思う」あるいは「ある程度そう思う」という回答の割合を示す。

各数値）を上回るものはピンク色で示しています。この結果から、養殖水産物の品質管理や衛生管理に対する認知度の傾向は、大きく２つに分けられます。

グループＡ・Ｂは品質・衛生管理に対する認知度が相対的に低く、グループＣ・Ｄ・Ｅは逆にそれらに対する認知度が相対的に高い傾向を示しています。グループＣ・Ｄ・Ｅでは、項目によっては平均よりも２倍の水準を示しているものもあります。

これらのグループは、**表7-1**からブリの購入時においても重視する項目が多い消費者であることが分かっていますが、このように品質・衛生管理について一定程度認知しています。おそらく、グループＣ・Ｄ・Ｅに分類される消費者は、これらの情報を自ら収集していると考えられます。

なお、この分析結果から、品質・衛生管理に対する消費者の認知度は高いとは言えないまでも、一定程度は普及していることも分かります。それでは、今後、養殖事業者や水産加工業者はどのように取り組みを進めていくべきでしょうか。

そこで、品質・衛生管理に対する消費者の意見・意向について検討します。**表7-3**は、ブリやハマチの品質・衛生管理に関する各項目について、消費者がどの程度望んでいるかを調べた結果です。表中の数値は、「そう思う」あるいは「ある程度そう思う」と回答した消費者の割合を示しており、消費者全体の回答結果と、各グループ別の回答結果を示しています。

消費者全体の回答をみると、各項目についてはおよそ半数の回答者が、衛生管理認定を受けた養殖場や加工場のブリの提供を求めていたり、養殖ブリのエサや飼育方法についての情報公開を求めていたりすることが分かります。さらには、品質管理の良さが認定された養殖ブリや、その商品を購入したいと表明する消費者は全体の53％を占めています。

グループ別にみると、認知度に対する傾向と同様に、グループＣ・Ｄ・Ｅの方がグループＡ・Ｂに比べて、品質・衛生管理に対して比較的ポジティブであることが分かります。特にグループＤでは、全体の80％が認定を受けた製品を積極的に購入したいと表明しています。

また、グループＥの消費者も、全体の64％が品質管理の認定を受けたブリを購入したいと表明しています。この結果から、ブランド化などといった差別化を重視したマーケティングを行うことで、グループＥのような市場を獲得する可能性がみえてきます。

なお、アンケート結果ではこれらの項目について、「どちらともいえない」といった回答も30～40％を占めました。前述の通り、品質・衛生管理に対する認知度が多数を占めていない、つまりどういうものかが具体的には分からず、適否の判断がつかないという状況です。

従って、こうした養殖業界の取り組みについて、どのように認知度を高めていくか、またそうした取り組みに対する消費者の支持を取り付けていくことは、これからの課題であると考えられます。

第三者機関による品質・衛生管理認定

このように、ここでは消費者アンケートの結果から、養殖水産物で取り組まれている衛生管理や品質管理に対する、消費者の反応や評価をみてきました。特に、今回は日常のブリ・ハマチの購入時に重視する項目をもとに、消費者の分類を行い、それぞれの傾向を示しました。

調査の結果、消費者も均一ではなく、さまざまなパターンがあることが明らかとなりました。今後、どのような消費者をターゲットにリスクコミュニケーションを進めていくのかという点については、各事業者の経営テーマになると言えます。

本節では、このような消費者が日ごろの情報収集にあたってどのようなメディアを用いているのか、グループごとにおける具体的な消費者像までは言及していませんが、全体としては、自社ウェブサイトなどを通じた情報の発信、取引先とのひんぱんな情報交換、食品安全や科学技術に明るいマスメディアや記者との関係を構築しておくなど、経営のリスク対策として取り組むことが求められると言えるでしょう。

さらに、現在、HACCPなどの衛生管理やSQF、FSSCなどの品質管理に向けた取り組みが活発化しています。国が旗を振る水産物の輸出拡大に向けては、このような取り組みと第三者機関による認定を受けることが貿易障壁を乗り越える上での前提となっています。

また、こうした品質・衛生管理は海外市場を志向する事業者だけの問題ではなくなってきている点にも注意すべきでしょう。海外では多くの水産加工場や養殖業者が第三者機関による品質・衛生管理に取り組んでおり、彼らの水産製品が日本市場にも輸入されています。従って、確実にこのような商品と国内市場で競争する流れがきている状況です。

アンケート調査結果から分かる通り、HACCP認定の有無を意識している消費者はそれほど多くありません。ただし、小売事業者などのサプライチェーンの川下の事業者が取引要件として、品質・衛生管理の認定を求めるようになってくると、国内市場を主戦場とする事業者においても、これらの対応は避けがたい課題となります。今後、リスクコミュニケーションがますます拡大し、深化していけば、消費者のニーズとしてHACCPへの対応が顕在化する可能性も少なくはありません。養殖業界と消費者とのリスクコミュニケーションの観点だけでなく、経営リスクへの対応の観点からもこうした取り組みが求められると言えます。

なお、今回のアンケート調査は、東京都23区、横浜市、名古屋市、京都市、大阪市、福岡市の都市部在住の消費者1,248名（20～60代以上）を対象にインターネットを使って行われたものであり、科学研究費助成事業若手研究(A)「フードシステム全体からみた我が国水産業のあり方に関する計量経済学研究」（研究代表者：近畿大学　有路昌彦）の助成を受けて実施されたものです。

（大南 絢一）

付録

原虫および大型寄生虫の検体保存・輸送方法

付録

- 水産食品に寄生虫や異物をみつけたときは、そのときの状況や魚の状態（魚種や漁獲場所など）をできる限り細かくメモに書きとめておく。できるだけ写真も多く撮影する。
- 体表や口の中、鰓でみつけた外部寄生虫は、魚ごとビニール袋に入れて冷蔵し、調査機関に送付もしくは持ち込む。
- 取り外した寄生虫は瓶に入れ、エタノール（アルコール）で固定する。なお、保存容器には鉛筆書きのメモを入れておくと良い（にじんで読めなくなるためボールペンは不可）。
- 魚肉中や内臓でみつけた内部寄生虫は、付着部分を切り出してチャック袋などに詰め、冷蔵もしくは冷凍して調査機関にわたす。

寄生虫や異物をみつけたら

ここでは水産食品に異物や寄生虫をみつけた漁業者、養殖業者、流通関係者および消費者が専門機関に調査を依頼する際、どのような処置をすれば良いかを簡単に説明します。

なお、調査を依頼する場合は、いきなりサンプルを送りつけたり持ち込んだりすることは避け、あらかじめ担当者に連絡を取って処置方法を確認の上、対処する方が良いでしょう（**図8-1**）。

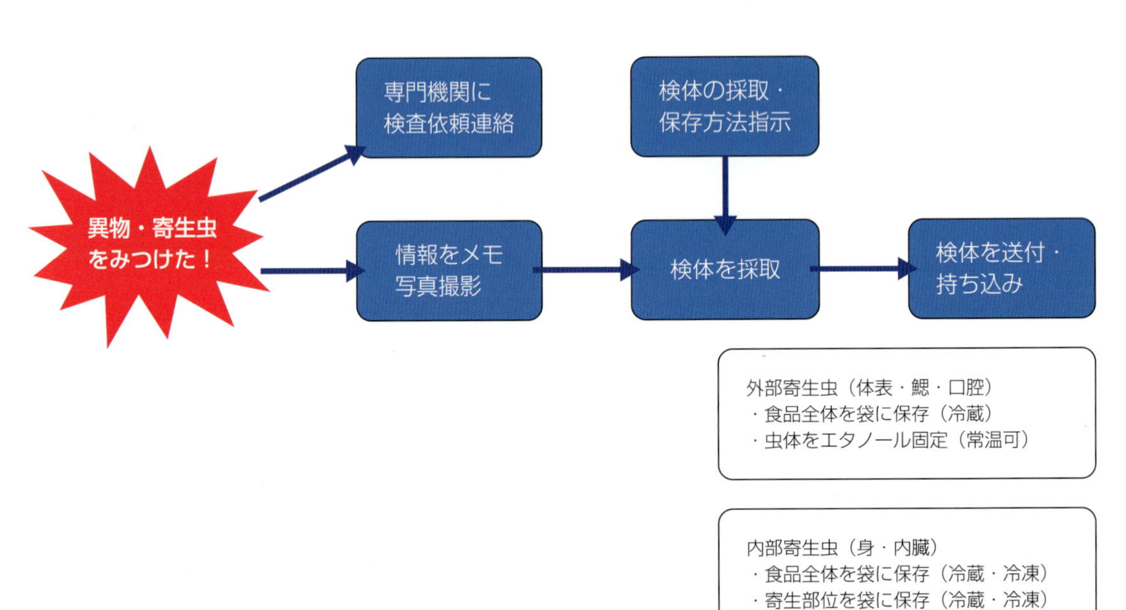

図8-1　水産食品でみつけた異物や寄生虫を専門機関に調査依頼する際の手順

①情報の記録

マダイ（養殖・A県産）全長約30 cm

2018年8月5日にB県C市のスーパー○○で1尾丸ごと購入。三枚おろしにしようとお腹を開いたところ、内臓の後ろの方にぶつぶつとした異物がみえました。このぶつぶつは薄い黄色で、2～3 mm程度のものが数十個ありました。

内臓を丸ごと取り出して、冷凍したものを送ります。魚は煮付けにして食べましたが、大丈夫でしょうか。

図8-2　記録メモの例
発見したときの状況や食品の情報をなるべく詳細に記録する。

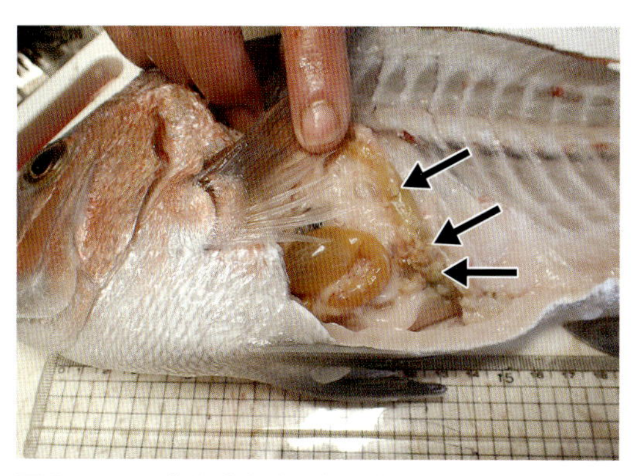

図8-3　異物と定規を一緒に撮影した写真
異物（矢印）の場所と大きさが分かるように、定規を写して全体写真を撮る。

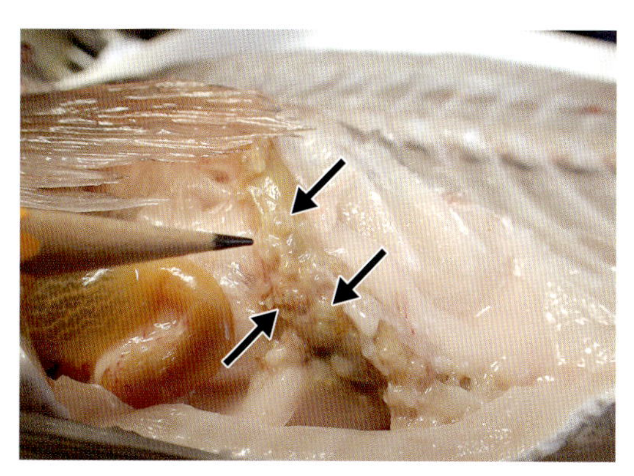

図8-4　異物の大きさが分かるクローズアップ写真
魚体に対して異物（矢印）がどのくらいの大きさか分かるよう、クローズアップ写真を撮る。

発見した状況や水産食品の由来といった情報は、異物・寄生虫を特定する大きな手がかりになるので、できるだけ詳細に記録して伝えることが重要です。みつけたときの状況や状態、水産物の種類や由来（魚種、漁獲場所など）を箇条書きでも構わないのでメモして、異物・寄生虫とともに保健所や大学などの調査依頼先に伝えます（**図8-2**）。また、写真は文章では表せない情報を記録することができるため、以下の点に留意し、できるだけ多く撮っておくと良いでしょう。

- 食品全体に対して異物の位置を把握できるよう、定規や大きさが分かる物を一緒に写した画像（**図8-3**）
- 大きさが分かる程度の異物のクローズアップ画像（**図8-4**）
- 食品ラベルのような水産物の種類や由来などが分かる画像

②保存と送付

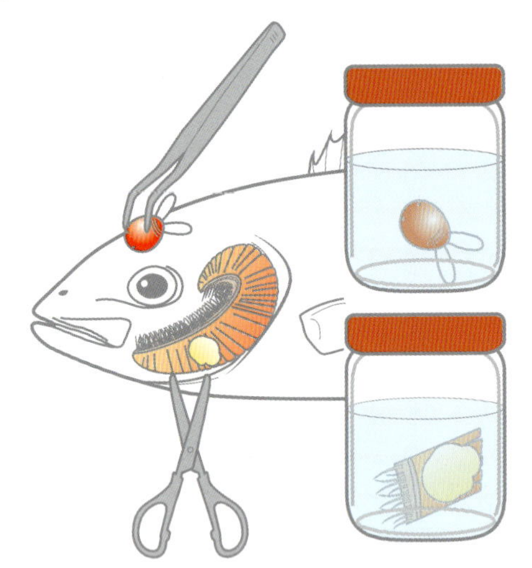

図8-5　魚体から寄生虫を取り出す方法
体表や鰓でみつけた寄生虫は壊さないよう虫体をそのまま、もしくは身の一部を切り出して採取し、エタノール入りの瓶に保存する。

図8-6　取り出した寄生虫の保存方法
鉛筆書きのメモ用紙とともにアルコールで保存する。

一番良いのは、みつけた状態のまま、できるだけ新鮮な形で調査機関にわたすことですが、生モノの水産食品では鮮度を保つのは難しく、また、マグロなどの大型魚はラウンドのまま送るのは不可能です。その場合、食品の一部や異物のみを採取して、適切な保存を施してから調査を依頼することになります。

寄生虫は種類によって保存方法が異なるので、次に寄生場所別に分けて対処法を説明します。

●外部寄生虫（体の表面や、口の中、鰓でみつけたもの）

まず、食品に付いた状態の写真を撮影します。可能であれば、虫が取れてしまわないように食品を丸ごと（魚ごと）ビニール袋に入れて、冷蔵で調査機関に送付もしくは持ち込むのが基本です。この場合、ビニール袋内には氷や水を入れないようにして（寄生虫が取れてしまうため）、袋の外から冷やします。

寄生虫を食品から取り外さなければならない場合は、虫体を壊さないようにピンセットや箸などで優しく摘むか、包丁の先などにのせてそっと取ります（**図8-5**）。虫体の一部が身に刺さって容易に取れない場合は、刺さった身の部分ごと切り取り、寄生虫を壊さないようにします。また、鰓などに固着している場合は、付着部位をそのまま切り取ります（**図8-5**）。

寄生虫の同定（種類を決定すること）には体の特定部位の形が重要となる場合もあるので、もし壊れてしまった場合も全ての部位を保存するようにします。基本的には個々の寄生虫を異なる容器で保存するのが望ましいですが、一見同じようなものが多数みつかった場合は、同一容器に複数入れても差し支えありません。逆に、みた目が異なる場合や寄生部位が大きく異なる場合（体表と鰓など）は、容器を分けるのが良いでしょう。

取り外した寄生虫（場合によっては食品の一部）は瓶に入れ、エタノール（アルコール）で固定します。70％エタノール（消毒用アルコール）が最適ですが、非常時の手段として短期間

図8-7　調査機関への診断依頼
寄生虫サンプルは密封し、情報を書いたメモと一緒に調査機関へ送付する。

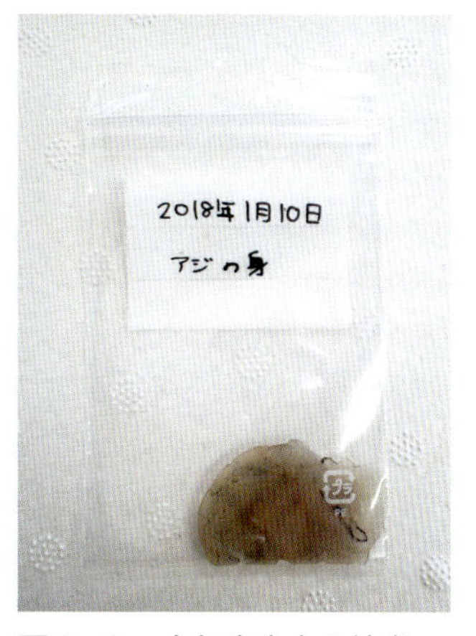

図8-8　内部寄生虫の検査
寄生虫の分離が困難な筋肉や内臓は、取り出した状態のままチャック袋に入れる。

であればウオッカなどの度数の高い蒸留酒でも代用できます（アルコール度数が高ければ高いほど良い）。プラスチック製の容器の場合、材質によってはエタノールで溶解することがあるので注意しましょう。

保存容器内に鉛筆書きのメモを入れると検査担当者が中身を判断できます（ボールペンではにじんで読めなくなってしまうため不可）（**図8-6**）。液体が漏れないよう、容器を密封して情報を書いたメモとともに、調査機関に持ち込むか送付します（**図8-7**）。

冷蔵や冷凍の場合は保冷剤を入れておくと良いでしょう。

●内部寄生虫（魚肉中や内臓でみつけたもの）

まずは、異物・寄生虫をみつけた状態で写真を撮影します。寄生虫をきれいに取り出すのが困難な場合は、付着部分を切り出しチャック袋などに詰めて冷蔵もしくは冷凍状態で調査機関にわたします（**図8-8**）。新鮮な場合は冷蔵でも良いですが、わたすまでに時間が掛かるようであれば、なるべく早く冷凍します。

寄生虫が簡単に食品から取り外せる場合は、外部寄生虫と同じ要領で、エタノール入りの瓶に保存し、調査機関にわたします。魚肉や内臓組織中の微小な寄生虫の場合は組織学的な検査が必要になることもあるので、可能であれば、10%ホルマリンに寄生部位を保存すると、より詳細な検査が可能となります。

また、遺伝子を調べるためには、冷凍もしくは70%以上の高濃度エタノールで固定する必要があります。

（白樫 正）

和名索引

ア—オ

カ—コ

サ—ソ

タ—ト

ナ—ノ

ハ—ホ

マ—モ

ヤ—ロ

学名・英名索引

A, B, C, D, F

G, H, I

K, L

M, N, O, P

R, S, T

U, W, X

参考文献

第１章　魚肉の異常・寄生虫

[1] ジェリーミート　Post-mortem myoliquefaction

1－1）小長谷史郎（1984）魚類、とくにキハダマグロのジェリーミートに関する研究、東海水研報、114号、1～101頁。

1－2）松本浩一（1963）魚肉のジェリーミートについて、ジャパンフードサイエンス、2号、67～73頁。

1－3）Yokoyama, H. and K. Masuda (2001) Kudoa sp. (Myxozoa) causing a post-mortem myoliquefaction of North-Pacific giant octopus *Paroctopus dofleini* (Cephalopoda: Octopodidae). Bull. Eur. Ass. Fish Pathol., 21, 266-268.

1－4）Moran, J.D.W., D.J. Whitaker and M.L. Kent (1999) A review of the myxosporean genus *Kudoa* Meglitsch, 1947, and its impact on the international aquaculture industry and commercial fisheries. Aquaculture, 172, 163-196.

1－5）Martone, C. B., E. Spivak, L. Busconi, E.J.E. Folco and J.J. Sanchez (1999) A cysteine protease from myxosporean degrades host myofibrils in vitro. Comp. Biochem. Physiol. Part B, 123, 267-272.

1－6）Zhou, L.S. and E.C.Y. Li-Chan (2009) Effects of *Kudoa* spores, endogenous protease activity and frozen storage on cooked texture of minced Pacific hake (*Merluccius productus*). Food. Chem., 113, 1076-1082.

1－7）Yokoyama, H., T. Yanagida and I. Takemaru (2006) The first record of *Kudoa megacapsula* (Myxozoa: Multivalvulida) from farmed yellowtail *Seriola quinqueradiata* originating from wild seedlings in South Korea. Fish Pathol., 41, 159-163.

1－8）Greene, D.H. and J.K. Babbitt (1990) Control of muscle softening and protease-parasite interactions in arrowtooth flounder *Atheresthes stomias*. J. Food Sci., 55, 579-580.

1－9）Shirakashi, S., T. Nishimura, N. Kameshima, H. Yamashita, H. Ishitani, K. Ishimaru and H. Yokoyama (2014) Effectiveness of ultraviolet irradiation of seawater for the prevention of *Kudoa yasunagai* and *Kudoa amamiensis* (Myxozoa: Multivalvulida) infections in Seriola fish. Fish Pathol., 49, 141-144.

1－10）米加田　徹（2017）ヒラメのナナホシクドア感染症と防除対策、月刊養殖ビジネス、4月号、37～40頁。

[2] 変色　Discoloration

1－11）杉本昌明（1986）冷凍冷蔵中における水産物の色調変化、食品と低温、12号、137～142頁。

1－12）桃山和夫・天社こずえ（2006）山口県沿岸域および湖沼河川で採集された異様な外観を呈する天然魚介類の寄生虫およびその他の異常。山口県水産研究センター研究報告、4号（別冊）、143～161頁。

[3] 粒状異物　Granular foreign bodies

1－13）粟倉輝彦・木村喬久（1977）粘液胞子虫に起因する薫製ギンザケの milky condition について、魚病研究、12巻、179～184頁。

1－14）横山　博（2017）べこ病、魚病研究、52巻、181～185頁。

1－15）小川和夫（2006）クリノストマム症、「新魚病図鑑」、緑書房、132頁。

1－16）Justine, J. L. (2011) *Huffmanela plectropomi n.* sp. (Nematoda: Trichosomoididae: Huffmanelinae) from the coralgrouper *Plectropomus leopardus* (Lacepede) off New Caledonia. Syst. Parasitol., 79, 139-143.

[4] 細長い虫　Long and narrow worms

1－17）中島健次・江草周三・中島東夫（1970）ブリに寄生する線虫 *Philometroides seriolae* の魚体脱出現象について、魚病研究、4巻、83～86頁。

1－18）小川和夫（2004）大型寄生虫病、「魚介類の感染症・寄生虫病」、恒星社厚生閣、381〜405 頁。
1 -19) Ogawa, K., T. Iwaki, N. Itoh and T. Nagano (2012) Larval cestodes found in the skeletal muscle of cultured greater amberjack *Seriola dumerili* in Japan. Fish Pathol., 47, 33-36.
1 -20) 中島健次・江草周三（1979）養殖マダイの生殖巣に寄生する鯛糸状虫（新称）、魚病研究、第 13 巻 4 号、197〜200 頁。

第２章　内臓の異物・寄生虫

[１] 粒状異物　Granular foreign bodies

2 - 1 ）高橋　誓（1981）アユのグルゲア症に関する研究、滋賀県水試研報、34 巻、1〜81 頁。
2 - 2 ）Zhang, J. Y., Y. S. Wu, H. B. Wu, J. G. Wang, A. H. Li and M. Li (2005) Humoral immune responses of the grouper *Epinephelus akaara* against the microsporidium *Glugea epinephelusis*. Dis. Aquat. Org., 64, 121-126.
2 - 3 ）Freeman, M. A., H. Yokoyama and K. Ogawa (2004) A microsporidian parasite of the genus *Spraguea* in the nervous tissues of the Japanese anglerfish *Lophius litulon*. Folia Parasitol., 51, 167-176.
2 - 4 ）柳　宗悦（2013）カンパチのヒルディネラ類吸虫による幼虫移行症、月刊養殖ビジネス、11 月号、26 頁。
2 - 5 ）桃山和夫・小林知吉（2004）日本海山口県沖で漁獲されたクロマグロに寄生していたディディモゾーン数種、山口県水研セ研報、2 号、125〜132 頁。
2 - 6 ）嶋津　武（1975）ニベリン条虫の成虫と生活史について（Cestoda: Trypanorhyncha: Tentaculariidae）、日本水産学会誌、41 巻、823〜830 頁。

[２] 細長い虫　Long and narrow worms

2 - 7 ）1 -20）同様
2 - 8 ）廣瀬一美・関野忠明・江草周三（1976）ウナギの鰾寄生線虫 *Anguillicola crassa* の産卵、仔虫の動向、および中間宿主について、魚病研究、第 11 巻 1 号、27〜31 頁。
2 - 9 ）1 -18）同様

第３章　外観の異常・寄生虫

[１] 骨格の異常　Skeletal abnormality

3 - 1 ）横山　博（2008）粘液胞子虫病、「改訂・魚病学概論」、恒星社厚生閣、102〜107 頁。
3 - 2 ）1 -12）同様

[２] 体表の虫・寄生虫　Skin parasites and other pathogens

3 - 3 ）江草周三・城　泰彦・岡　英夫・伊賀田邦義（1989）ボラ *Mugil cephalus* の *Myxobolus* 属粘液胞子虫に因る皮膚病について、魚病研究、24 巻、59〜60 頁。
3 - 4 ）長澤和也（2001）魚介類に寄生する生物、ベルソーブックス 009、（株）日本水産学会監修、成山堂書店、186 頁。
3 - 5 ）横山　博（2017）海のなんでだろう、第 91 回　シロギスの斑点、磯・投げ情報、12 月号、82 頁。
3 - 6 ）Miwa, S., C. Nakayasu, T. Kamaishi and Y. Yoshiura (2004) X-cells in fish pseudotumors are parasitic protozoans. Dis. Aquat. Org., 58, 165-170.

第４章　甲殻類・貝類・頭足類の寄生虫

[１] 甲殻類の寄生虫　Parasites of crustaceans

4 - 1 ）1 -12）同様
4 - 2 ）Sindermann, C. J. (1990) Principal Diseases of Marine Fish and Shellfish, Vol. II, 2nd ed, Academic Press, San Diego, CA.
4 - 3 ）Boyko, C. B. (2004) The bopyridae (Crustacea: Isopoda) in Taiwan. Zool. Studies, 43, 677-703.
4 - 4 ）齋藤暢宏（2016）エビヤドリムシ科等脚類の研究：だから寄生虫の研究はやめられない！、Cancer, 25, 143-148.
4 - 5 ）高橋　徹（2004）性をあやつる寄生虫、フクロムシ、「フィールドの寄生虫学（長澤和也編）」、東海大学出版会、81〜94 頁。
4 - 6 ）Oku Y., S. Fukumoto, M. Ohbayashi, M. Koi-

ke (1983) A marine horse worm, *Nectonema* sp. parasitizing atelecyclid crab, *Erimacrus isenbeckii*, from Hokkaido, Japan. Jpn. J. Vet. Res., 31, 65-69.

［2］貝類・頭足類の寄生虫　Parasites of shellfishes and cephalopods

4-7）Itoh N., T. Oda, K. Ogawa, H. Wakabayashi (2002) Identification and development of paramyxean ovarian parasite in the Pacific oyster *Crassostrea gigas*. Fish Pathol. 37, 23-28.

4-8）志村　茂・良永知義・若林久嗣（1982）浜名湖産のアサリに寄生するメタセルカリア2種 *Parvatrema duboisi*（Gymnophallidae）と *Proctoeces* sp.（Fellodistomidae）の形態と寄生状況、魚病研究、17巻、187～194頁。

4-9）多留聖典・中山聖子・高崎隆志・駒井智幸（2007）カイヤドリウミグモ *Nymphonella tapetis* の東京湾盤洲干潟における二枚貝類への寄生状況について、うみうし通信、56巻、4～5頁。

4-10）Ogawa K., K. Matsuzaki (1985) Discovery of bivalve-infesting Pycnogonida, *Nymphonella tapetis*, in a new host, *Hiatella orientalis*. Zool. Sci., 2, 583-589.

4-11）Nagasawa K., M. Nagata (1992) Effects of *Pectenophilus ornatus* (Copepoda) on the biomass of Japanese scallop *Patinopecten yessoensis*. J. Parasitol. 78, 552-554.

4-12）長澤和也（1999）寄生性甲殻類の異端児、ホタテエラカザリの形態と生態、海洋と生物、21巻、471～476頁。

4-13）Brevik O.J., Ottem K.F., Kamaishi T., Watanabe K., A. Nylund (2011) *Francisella halioticida* sp. nov., a pathogen of farmed giant abalone (*Haliotis gigantea*) in Japan. J. Appl. Microbiol., 111, 1044-1056.

4-14）大越和加・野村　正（1990）穿孔性多毛類 Polydora 属による北海道、東北地方沿岸のホタテガイの侵蝕状況、日水誌、56巻、1593～1598頁。

4-15）川田賢介・河原正和・秋森俊行・山口朋子・岡本喜之・石川好美（2003）スルメイカの精莢による口腔内刺傷の1例、日本口腔外科学会雑誌、第54巻、423～426頁。

第5章　人体に有害な寄生虫

［1］アニサキス　*Anisakis simplex*

5-1）影井　昇（1974）アニサキス亜科線虫幼虫感染魚類一覧、魚類とアニサキス、水産学シリーズ7、恒星社厚生閣、98-107頁。

5-2）杉山　広（2010）食品と寄生虫感染症、食衛誌、51巻、285～291頁。

5-3）Yoshinaga, T., R. Kinami, K. A. Hall and K. Ogawa (2006) A preliminary study on the infection of anisakid larvae in juvenile greater amberjack *Seriola dumerili* imported from China to Japan as mariculture seedlings. Fish Pathol., 41, 123-126.

5-4）鈴木　淳・村田理恵（2011）わが国におけるアニサキス症とアニサキス属幼線虫、東京健安研セ年報、62号、13～24頁。

5-5）週刊朝日（2013）安心・安全で一歩リード。サカナは養殖に限る！、118巻（6月21日号）、21～25頁。

5-6）鈴木　淳（2010）食品媒介寄生虫症—主に魚介類の生食に起因する寄生虫疾患について—、日食微誌、27巻、64～67頁。

5-7）Suzuki, J., R. Murata, M. Hosaka and J. Araki (2010) Risk factors for *Anisakis* infection and association between the geographic origins of *Scomber japonicus* and anisakid nematodes. Int. J. Food Microbiol., 137, 88-93.

5-8）Quiazon, K. M., T. Yoshinaga and K. Ogawa (2011) Distribution of *Anisakis* species larvae from fishes of the Japanese waters. Parasitol. Int., 60, 223-226.

5-9）Nieuwenhuizen, N. E. and A. L. Lopata (2013) *Anisakis* — A food-borne parasite that triggers allergic host defences. Int. J. Parasitol., 43, 1047-1057.

［2］大型寄生虫　Macroparasites

5-10）記野秀人（2008）食べ物と寄生虫、むしはむしでもはらのむし通信、第188号、1～13頁。

5-11）村田理恵・鈴木　淳・柳川義勢（2004）1998～2002年の5年間に調査した茨城県産シラウオにおける横川吸虫メタセルカリアの寄生状況—主に霞ヶ浦産シラウオについ

て―。東京健安研セ年報、第55号、149〜152頁。

5-12）矢口登希子・鈴木美紀・安藤隆二・佐藤一・岡本成司・位田俊臣・渡邊直樹（2014）霞ヶ浦北浦産シラウオにおける横川吸虫寄生状況について（短報）、茨城水試研報、第44号、1〜6頁。

5-13）新井明治・松永多恵・原田正和・寺中正人・藤原新太郎・小原英幹・森　宏仁・柳田哲矢・迫　康仁・正木　勉（2014）駆虫により本邦最長の虫体2隻を排出した日本海裂頭条虫症の1例、第83回日本寄生虫学会大会プログラム・抄録集、87頁。

5-14）亀谷　了（1994）寄生虫館物語―可愛く奇妙な虫たちの暮らし、ネスコ、235頁。

5-15）粟倉輝彦・坂口清次・原　武（1985）サクラマスの寄生虫に関する研究― VIII　広節裂頭条虫プレロセルコイドの寄生状況、北海道立水産孵化場研報、第40号、57〜67頁。

5-16）赤尾信明（2000）ホタルイカ生食を原因とする旋尾線虫幼虫移行症の発生状況、病原微生物検出情報、第21巻、118頁。

5-17）国立感染症研究所寄生動物部　扁形動物室・線形動物室（2000）「生ホタルイカ」からの旋尾線虫幼虫の検出状況、病原微生物検出情報、第21巻、118頁。

5-18）5-2）同様

5-19）Yamasaki H., Ohmae H., Kuramochi T. (2011) Complete mitochondrial genomes of *Diplogonoporus balaenopterae* and *Diplogonoporus grandis* (Cestoda: Diphyllobothriidae) and clarification of their taxonomic relationship. Parasitol. Int. 61, 260-266.

[3] クドア食中毒　Food poisoning caused by *Kudoa septempunctata*

5-20）Kawai T., T. Sekizuka, Y. Yahata, M. Kuroda, Y. Kumeda, Y. Iijima, Y. Kamata, Y. Sugita-Konishi, T. Ohnishi (2012) Identification of *Kudoa septempunctata* as the causative agent of novel food poisoning outbreaks in Japan by consumption of *Paralichthys olivaceus* in raw fish. Clin. Infect. Dis. 54, 1046-1052.

5-21）Sugita-Konishi Y., H. Sato, T. Ohnishi (2014) Novel foodborne disease associated with consumption of raw fish, olive flounder (*Paralichthys olivaceus*). Food Safety, 2, 141-150.

5-22）横山　博（2011）ヒラメのクドアによる食中毒について、アクアネット、158巻、50〜53頁。

5-23）横山　博（2012）粘液胞子虫と養殖現場における対策、日食微誌、29巻、68〜73頁。

5-24）横山　博（2013）魚介類の生食による寄生虫症、日食微誌、30巻、100〜103頁。

5-25）大西貴弘（2012）粘液胞子虫とその毒性、および検査法、日食微誌、29巻、61〜64頁。

5-26）Yahata Y., Y. Sugita-Konishi, T. Ohnishi, T. Toyokawa, N. Nakamura, K. Taniguchi, N. Okabe (2015) *Kudoa septempunctata*-induced gastroenteritis in humans after flounder consumption in Japan: a case-controlled study. Jpn. J. Infect. Dis., 68, 119-123.

5-27）水野芳嗣（2014）ヒラメ養殖の未来は明るいか？！、アクアネット、4月号、52〜56頁。

5-28）Yokoyama H., J. Suzuki, S. Shirakashi (2014) *Kudoa hexapunctata* n. sp. (Myxozoa: Multivalvulida) from the somatic muscle of Pacific bluefin tuna *Thunnus orientalis* and re-description of *K. neothunni* in yellowfin tuna *T. albacares*. Parasitol. Int., 63, 571-579.

5-29）Matsukane Y., H. Sato, S. Tanaka, Y. Kamata, Y. Sugita-Konishi (2010) *Kudoa septempunctata* n. sp. (Myxosporea: Multivalvulida) from an aquacultured olive flounder (*Paralichthys olivaceus*) imported from Korea. Parasitol. Res., 107, 865-872.

5-30）Yokoyama H., T. Mekata, J. Satoh, T. Nishioka, K. Mori (2017) Morphological and molecular comparisons between Japanese and Korean isolates of *Kudoa septempunctata* (Myxozoa: Multivalvulida) in the olive flounder *Paralichthys olivaceus*. Fish Pathol., 52, 152-157.

5-31）Nishioka T., J. Satoh, T. Mekata, K. Mori, K. Ohta, T. Morioka, M. Lu, H. Yokoyama, T. Yoshinaga (2016) Efficacy of sand filtration and ultraviolet irradiation as seawater treatment to prevent *Kudoa septempunctata* (Myxozoa: Multivalvulida) infection in olive flounder *Paralichthys olivaceus*. Fish Pathol., 51, 23-27.

第7章 風評被害を発生させないためのリスクコミュニケーション

[2] 消費者の認知とリスクコミュニケーション

7-1) National Research Council (1989) Improving risk communication, National Academy Press.

7-2) 中谷内一也編 (2012)『リスクの社会心理学』、有斐閣。

7-3) Lichtenstein, S., Slovic, P., Fischhoff, B., Layman, M., and Combs, B.(1978) Judged frequency of lethal events, Journal of Experimental Psychology: Human Learning and Memory, 4(6), 551-578.

7-4) Slovic, P.(1987) Perception of risk, Science, 236, 280-285.

コラム

1) 亀谷　了 (1994) 寄生虫館物語—可愛く奇妙な虫たちの暮らし、ネスコ、233 頁。

2) 長澤和也 (2003) さかなの寄生虫を調べる、ベルソーブックス 016、(社)日本水産学会監修、成山堂書店、170 頁。

3) 長澤和也 (1989) 水族寄生虫ノート①—賞味できるサナダムシ、海洋と生物、60 巻、38-39 頁。

4) 栗倉輝彦 (1983) 広節裂頭条虫と自体実験、魚と水、21 巻、32-35 頁。

5) Ijima, I. (1889) The source of *Bothriocephalus latus* in Japan. J. Coll. Sci. Tokyo Imp. Univ., 2, 49-56.

6) 藤田紘一郎 (1997) 体にいい寄生虫、ワニブックス、222 頁。

7) 三好　彰 (2004) 寄生虫がいるとアレルギーになりにくいという話を聞いたのですが…、月刊「健」、4月号 (p. 6-9)、5月号 (p. 11-12)。

8) Sures, B. (2004) Environmental parasitology: relevancy of parasites in monitoring environmental pollution. Trends in Parasitol., 20, 170-177.

9) Sures, B., R. Siddall and H. Taraschewski (1999) Parasites as accumulation indicators of heavy metal pollution. Parasitol. Today, 15, 16-21.

10) Martínez de Velasco, G., M. Rodero, C. Cuéllar, T. Chivato, J. M. Mateos and R. Laguna (2008) Skin prick test of *Kudoa* sp. antigens in patients with gastrointestinal and/or allergic symptoms related to fish ingestion. Parasitol. Res., 103, 713-715.

協力・写真提供

所属は2019年1月現在

■協力

(公財)目黒寄生虫館

■写真提供

粟倉 輝彦	元北海道立水産孵化場　場長
池竹 弘旭	
石原 幸雄	元鳥取県水産試験場
伊藤 直樹	東京大学大学院農学生命科学研究科
井上（吉澤）圭子	元日本大学生物資源科学部獣医学科
岩下 誠	(公社)日本水産資源保護協会
浦和 茂彦	水産研究・教育機構北海道区水産研究所
江草 周三（故人）	東京大学名誉教授
大谷 智通	スタジオ大四畳半
小川 和夫	(公財)目黒寄生虫館
小畑 晴美	三重県科学技術振興センター
景山 哲史	岐阜県農政部
河原 未来	東京大学大学院農学生命科学研究科
カール・マルクス・キアゾン	Central Luzon State University
木南 竜平	静岡県水産技術研究所
倉長 亮二	元鳥取県水産試験場
ケイ・ルイン・トゥン	University of Yangon
今野 美代子	
白樫 正	近畿大学水産研究所
杉田 顕浩	福井県嶺南振興局林業水産部水産漁港課
鈴木 淳	東京都健康安全研究センター
田中 真二	三重県水産研究所
章 晋勇	Institute of Hydrobiology, Chinese Academy of Sciences
天社 こずえ	山口県水産研究センター
土内 隼人	長崎県水産部水産経営課
長谷川 理	神奈川県水産技術センター内水面試験場
廣瀬 一美	元日本大学生物資源科学部
福田 穣	大分県農林水産研究指導センター水産研究部
増田 恵一	兵庫県立農林水産技術総合センター水産技術センター
松尾 斉	東町漁業協同組合
マーク・フリーマン	Ross University School of Veterinary Medicine
宮嶋 清司	
村田 修	近畿大学水産研究所
桃山 和夫	山口県水産研究センター
柳 宗悦	鹿児島県水産技術開発センター
柳田 哲矢	山口大学共同獣医学部寄生虫学研究室
良永 知義	東京大学大学院農学生命科学研究科
若林 信一	富山県農林水産総合技術センター
仙台市食品監視センター	

部位別でみつかる
水産食品の寄生虫・異物 検索図鑑

2019年1月30日 第1刷発行
2020年4月30日 第2刷発行

著 者 横山 博

発行者 森田 猛

発行所 株式会社 緑書房
〒103-0004
東京都中央区東日本橋3丁目4番14号
TEL 03-6833-0560
http://www.pet-honpo.com

編 集 秋元 理

カバーデザイン 尾田 直美

印刷所 アイワード

ISBN978-4-89531-364-3 Printed in Japan